U0158571

人工智能与治理

Artificial Intelligence and Governance

清华大学战略与安全研究中心 编
CENTER FOR INTERNATIONAL SECURITY AND STRATEGY
TSINGHUA UNIVERSITY

中国社会科学出版社

图书在版编目(CIP)数据

人工智能与治理/清华大学战略与安全研究中心编. —北京：中国社会科学出版社，2022.12（2023.9 重印）

ISBN 978-7-5203-8310-3

Ⅰ.①人… Ⅱ.①清… Ⅲ.①人工智能-研究 Ⅳ.①TP18

中国版本图书馆 CIP 数据核字(2021)第 076150 号

出 版 人 赵剑英
责任编辑 白天舒
责任校对 师敏革
责任印制 王 超

出 版 中国社会科学出版社
社 址 北京鼓楼西大街甲 158 号
邮 编 100720
网 址 http://www.csspw.cn
发 行 部 010-84083685
门 市 部 010-84029450
经 销 新华书店及其他书店

印 刷 北京明恒达印务有限公司
装 订 廊坊市广阳区广增装订厂
版 次 2022 年 12 月第 1 版
印 次 2023 年 9 月第 2 次印刷

开 本 650×960 1/16
印 张 17
字 数 169 千字
定 价 89.00 元

前　言

人工智能是一个非常具有挑战的全新领域，而围绕人工智能的治理所带来的挑战是全球性的。中国作为在人工智能技术和应用方面发展比较快的国家，不能缺席人工智能的治理和规则方面的讨论，而学者们应在这一领域发挥重要作用，加紧研究和开展国际联络，为中国参与人工智能国际治理做出积极贡献。

从2019年初开始，清华大学战略与安全研究中心汇集校内外国际关系、公共管理、科技政策、人工智能技术等领域的专家，组建了一个跨学科、多领域的研究团队。该团队由中心创始主任傅莹领导，围绕人工智能国际治理问题，与美国布鲁金斯学会、博古睿研究院、澳大利亚明德路基金会、瑞士人道主义对话中心、斯坦福大学、牛津大学、剑桥大学以及联合国开发计划署、OECD等机构开展了对话和交流，还在上海、深圳和北京对一些人工智能企业进行了调研。经过多轮的调研和研究，团队的学者们做出了丰富的研究成果，并汇编到本书当中，呈现给读者们。

本书分为三大部分，第一部分集中探讨人工智能对国际关系的影响，以及人工智能全球合作的发展趋势，并对不同国家的人工智能战略进行了分析比较。第二部分围绕人工智能与国际安全展开，分析人工智能对国际安全的冲击，包括对军事安全带来的严峻挑战，同时探讨构建国际安全治理路径。第三部分围绕人工智能技术与治理，邀请学者从不同角度审视人工智能相关的风险、治理与伦理问题。本书还在最后附上由清华大学人工智能国际治理研究院主办的首届清华大学人工智能合作与治理国际论坛的“白皮书”，这份白皮书汇总了参会的 70 名中外学者对如何看待和开展人工智能国际合作与治理的真知灼见，供读者参考。

回望历史，人类在每一次工业革命到来之际都面临着避免技术作恶的抉择。在人工智能时代，人类该如何妥善管控国际竞争，凝聚国际治理共识，利用高超的政治智慧和共同体意识将智能技术的发展引向一条“科技为了人类”的道路？清华大学战略与安全研究中心希望这本《人工智能与治理》能够为关注这个问题的读者提供更多的思考，帮助大家寻找到更为合适的答案。

清华大学战略与安全研究中心

2021 年 9 月

目录
CONTENTS

I

人工智能与国家安全

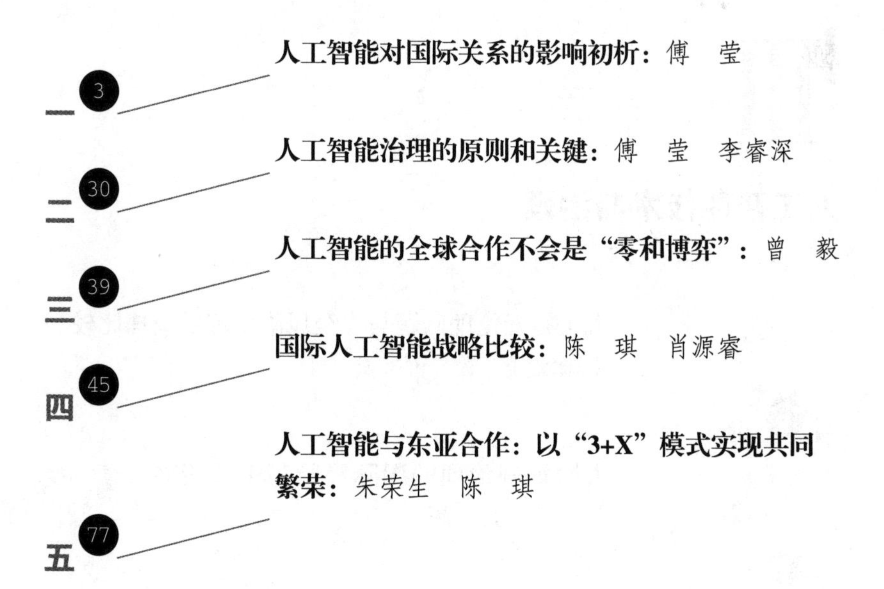

Ⅱ 人工智能与国际安全

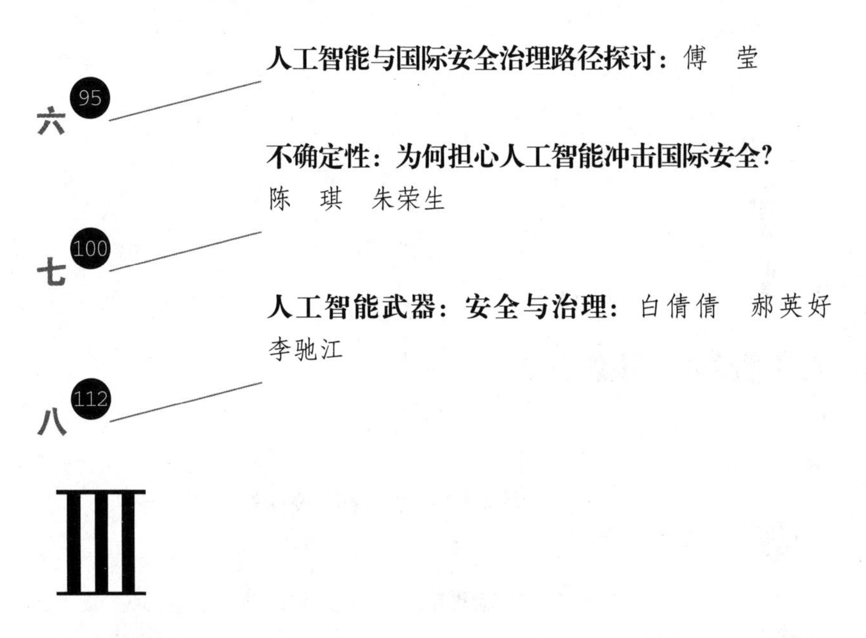

Ⅲ 人工智能技术与治理

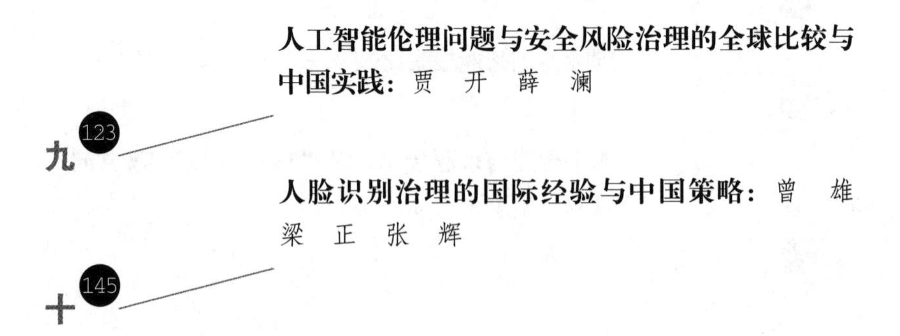

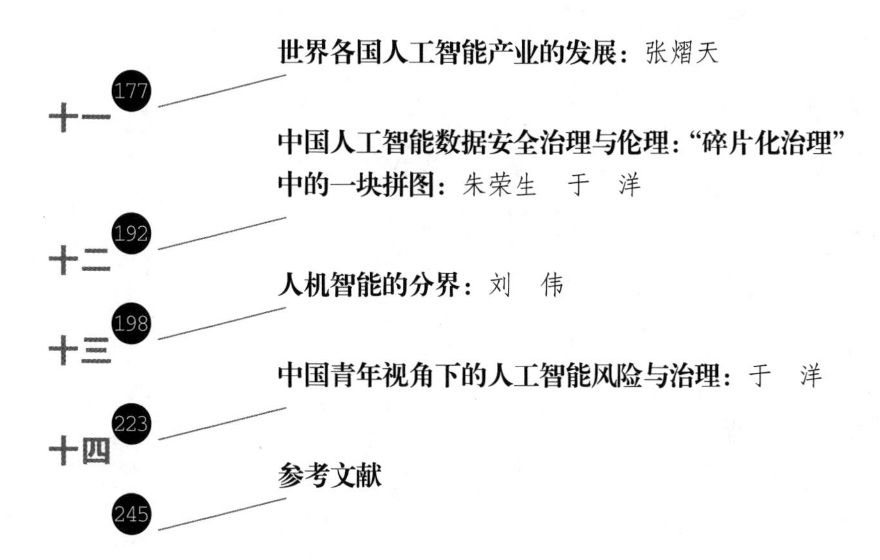

I

人工智能与国家安全

一　人工智能对国际关系的影响初析*

本文重点分析人工智能如何从国际格局和国际规范两个方面影响国际秩序的变迁。在国际格局方面，人工智能有可能在经济和军事领域影响国家间的力量对比，非国家行为体的能力也将前所未有地扩大，围绕科技的国际竞争将更加激烈。在国际规范方面，人工智能有可能改变战争的形式和原则，并对现行的国际法律和伦理道德造成冲击。笔者认为，人工智能技术带来的安全和治理挑战是需要全人类共同面对的问题，各国应从构建人类命运共同体的视角看问题，从共同安全的理念出发，讨论未来人工智能的国际规范。因此，本文提出基于福祉、安全、共享、和平、法治、合作的六项原则。

清华大学战略与安全研究中心于2018年启动的人工智能与

---

* 本文刊于《国际政治科学》2019年第1期，收入本书时有所修订。

安全项目小组，重点探讨人工智能技术的发展对国家安全和国际关系的影响以及构建共同准则的可能性。本文是基于对项目组相关信息的汇总和人工智能对国际关系的影响进行的初步研究。

1950 年，英国科学家图灵发表论文介绍了确定机器是否具备智能的方法，即后来所称的“图灵测试”[①]。1955 年，美国科学家麦肯锡创造了“人工智能”一词。1956 年，首届人工智能研讨会在美国新罕布什尔州达特茅斯举行，人工智能作为一门科学正式为科学界所承认。1997 年，IBM 计算机程序“深蓝”赢得与世界国际象棋特级大师卡斯帕罗夫的六盘大战。进入 21 世纪的第二个十年，人工智能技术的研究和开发加快了步伐。2014 年，谷歌“阿尔法狗”战胜世界围棋冠军李世石。

60 多年后的今天，人工智能在人类越来越多的生产和生活领域中得到广泛应用，在部分专门领域接近甚至超过人脑的表现。作为一种有潜力改造人类社会面貌的泛在性技术，人工智能在科技、产业、军事、社会、伦理等领域被广泛讨论。

那么，人工智能是否会对国际关系产生影响？会产生什么样的影响？本文试图对这些问题作一些探讨。需要说明的是，人工智能技术本身存在复杂性、难以说明性和不确定性，笔者非人工

① 1950 年，图灵发表论文《计算机器与智能》（Computing Machinery and Intelligence），提出“图灵测试”的概念，即如果人类测试者在向测试对象询问各种问题后，依然不能分辨测试对象是人还是机器，那么就可以认为机器是具有智能的。

智能技术专家，只是根据已经发生的人工智能事件或学术界普遍认可的发展趋势，分析人工智能对国际关系产生的影响，并试图探讨构建共同准则的必要性和可能性。

诚然，对于科学技术会如何影响现代国际关系有着不少过高的预期。例如阿尔温·托夫勒在1980年出版的《第三次浪潮》一书中预测，未来世界将充斥核武器风险，濒临经济和生态崩溃，现存政治制度将迅速过时，世界将面临严重危机。这类预测往往高估了科技给人类带来的困难，却低估了人类解决困难的意愿和能力。冷战后，在全球化的大背景之下，多边主义逐渐成为国际共识，国际防止核武器扩散体系的有效性、应对气候变化的全球运动和各国由此而不断强化的应对环境变化的合作，以及世界范围的和平运动的发展，都显示了人类在维护和平和应对挑战上的理念共识和负责任态度。科技造成的问题，可以通过科技本身的不断再进化而得到解决，人类也需要通过伦理道德和法律来构建严密的防范体系。实际上，每一次科技革命都加速了全球化的进程，促使一系列全球性问题被纳入国际政治的议事日程，世界也因此变得更加透明和更加融合。

我们讨论的是什么？

在进入正式讨论之前，需要明确以下几个问题。

第一个问题，我们讨论的是什么人工智能？是狭义的、能够模拟人的个别智能行为的人工智能，比如识别、学习、推理、判断，还是通用人工智能，拥有与人类大脑相似的自主意识和自主创新能力？是弱人工智能，为解决特定、具体任务而存在且只擅长语音识别、图像识别、翻译某些特定素材的人工智能，例如谷歌的“阿尔法狗”、科大讯飞的智能翻译器，还是强人工智能，能够思考、计划、解决问题，能够进行抽象思维，理解复杂理念，快速学习，从经验中学习等人类级别的人工智能，例如电影《人工智能》中的小男孩大卫、《机械姬》中的艾娃，抑或是未来的超级人工智能，即跨过了“奇点”[①]，计算和思维能力远超人脑，“在几乎所有领域都比最聪明的人类大脑聪明很多，包括科学创新、通识和社交技能”（牛津哲学家 Nick Bostrom 对超级智能的定义）的所谓人工智能合成人（Synthetics）？

我们讨论人工智能对国际关系乃至国际格局的影响，只能限定在已知、基于大数据和深度学习技术，以算力、算法和数据为三大要素的人工智能技术及其应用上。我们还无法讨论那些尚未获得突破的、拥有全大脑仿真技术的未来人工智能技术。目前，

① 1990 年，美国未来学家雷·库兹韦尔在《奇点临近》《人工智能的未来》两本书中，用“奇点”作为隐喻，描述人工智能的能力超越人类的某个时空阶段。当人工智能跨越“奇点”后，一切我们习以为常的传统、认识、理念、常识将不复存在，技术的加速发展会导致“失控效应”，人工智能将超越人类智能的潜力和控制，迅速改变人类文明。

应是依据已经存在和能大致预见到的人工智能技术及其发展趋势，探讨其已经和可能对国际关系产生的影响。

第二个问题，人工智能能否影响国际关系进而影响到国际秩序？目前来看，答案是肯定的。历史上，技术革新和传播曾经无数次革命性地改变了一国或多国命运，进而改变了地区格局甚至世界形势。麦克尼尔父子在《麦克尼尔全球史：从史前到 21 世纪的人类网络》一书中，生动地描写了技术革命对军事、政府组织方式、信仰，进而对国家间权力转移和地区格局演变的决定性影响。书中谈到，公元前 1700 年前后，战车革命改变了美索不达米亚、埃及、印度、中国黄河流域地区等区域的权力格局，例如，雅利安人入主印度北部和商朝的兴起。公元前 1200 年后，铁冶炼技术的出现和传播，使装备着相对价格低廉的铁甲胄和兵器的普通步兵，有条件将精英驾驭的战车掀翻在地，更加廉价的武器装备、更大规模的军队、官僚统治的巩固等条件的组合，使亚述、波斯等农业帝国的崛起成为可能。公元前 7 世纪，马弓手的数量和技术又一次打破欧亚大陆的军事政治平衡，大草原上的游牧民族再度取得对农耕民族的优势。[1]

再举一例，核技术的出现改变了现代世界政治面貌，进一步稳固了第二次世界大战结束时形成的大国权力格局，五核国的身

---

① ［美］约翰·R. 麦克尼尔、威廉·H. 麦克尼尔：《麦克尼尔全球史：从史前到 21 世纪的人类网络》，王晋新等译，北京大学出版社 2017 年版，第 72—79 页。

份使得美国、苏联（解体后是俄罗斯）、英国、法国、中国保持了联合国安理会常任理事国地位，而且产生了为和平目的利用核能、有核国家承担不扩散核武器义务、允许无核国家获取和平核能技术等一系列国际规范，催生了核战争等于人类毁灭、核扩散不义且非法等国际价值观，形成了《不扩散核武器条约》、《全面禁止核试验条约》、联合国核裁军谈判机制、全球核安全峰会、东南亚无核区等一系列国际制度安排。

人工智能被认为具有像核能一样的军民两用性和改变国际实力对比的颠覆性。2017 年 7 月哈佛大学肯尼迪政治学院贝尔福科学与国际事务中心发布了《人工智能与国家安全》报告，认为未来人工智能有可能成为与核武器、航空航天、网络空间、生物技术等不相上下的变革性国家安全技术。① 因此，纳入人工智能能够影响国际关系的讨论范畴是合理的。

人工智能甚至可能影响国际秩序的变迁。北京大学王缉思教授认为，国际秩序包含两项基本内容：一是主要国家和国家集团的权力结构和实力对比；二是处理国家间关系应遵循的规范。②清华大学阎学通教授认为，国际秩序是“国际体系中国家依据国际规范采取非暴力方式解决冲突的状态”，其构成要素为国际主

---

① Greg Allen, Taniel Chan, “Artificial Intelligence and National Security”, Cambridge: Belfer Center for Science and International Affairs, Harvard Kennedy School, 2017, p. 1.

② 王缉思：《世界政治的终极目标》，中信集团 2018 年版，第 30 页。

流价值观、国际规范和国际制度安排。[①] 他还认为，导致国际秩序变化的原因是国际格局的变化，但国际格局却不是国际秩序的构成要素；建立国际新秩序的性质是国际权力的再分配，即国际制度再安排的核心内容。[②] 这两位学者在分析国际秩序时都强调了国际格局、国际规范两大因素。人工智能有可能通过改变国际行为体的力量对比和相互关系，冲击现有国际规范并催生新的国际规范，从而从国际格局和国际规范两个方面影响国际秩序的变迁。

人工智能将如何影响国际格局?

首先，人工智能将从经济上影响国家间的力量对比，甚至引发新一轮大国兴衰。

保罗·肯尼迪在《大国的兴衰》一书中指出，从长远看，在每个大国经济的兴衰与其作为一个世界性大国的兴衰之间有一种显而易见的联系。[③] 2017 年 6 月，普华永道发表的《抓住机遇——2017 夏季达沃斯论坛报告》预测，到 2030 年，人工智能

① 阎学通：《无序体系中的国际秩序》，《国际政治科学》2016 年第 1 期，第 13—14 页。

② 阎学通：《无序体系中的国际秩序》，《国际政治科学》2016 年第 1 期，第 10、15 页。

③ ［美］保罗·肯尼迪：《大国的兴衰》，王保存、王章辉、余昌楷译，中信出版社 2013 年版，前言第 12 页。

对世界经济的贡献将达到15.7万亿美元，中国与北美有望成为最大受益者，总获益相当于10.7万亿美元。2018年9月，麦肯锡全球研究所发布的《前沿笔记：用模型分析人工智能对世界经济的影响》报告认为，人工智能将显著提高全球整体生产力。去除竞争影响和转型成本因素，到2030年，人工智能可能为全球额外贡献13万亿美元的GDP增长，平均每年推动GDP增长约1.2%。[①] 这堪比或大于历史上其他几种通用技术（比如，19世纪的蒸汽机、20世纪的工业制造和21世纪的信息技术）所带来的变革性影响。报告还指出，占据人工智能领导地位的国家和地区（以发达经济体为主）可以在目前基础上获得20%—25%的经济增长，而新兴经济体可能只有这一比例的一半。“人工智能鸿沟”可能会导致“数字鸿沟”进一步加深。[②] 人工智能可能改变全球产业链。以工业机器人、智能制造等为代表的“新工业化”将吸引制造业“回流”发达经济体，冲击发展中国家人力资源等比较优势，使许多发展中国家提前“去工业化”或永久性失去工业化的机会，被锁定在资源供应国的位置上。人工智能的开发和

① McKinsey Global Institute, “Notes from the Frontier: Modeling the Impact of AI on the World Economy”, Discussion Paper, September 2018, p. 1, https://www.mckinsey.com/~/media/McKinsey/Featured%20Insights/Artificial%20Intelligence/Notes%20from%20the%20frontier%20Modeling%20the%20impact%20of%20AI%20on%20the%20world%20economy/MGI-Notes-from-the-AI-frontier-Modeling-the-impact-of-AI-on-the-world-economy-September-2018.ashx，最后访问时间：2019年2月15日。

② McKinsey Global Institute, “Notes from the Frontier: Modeling the Impact of AI on the World Economy”, Discussion Paper, September 2018, p. 34.

应用需要大量资金，科技含量高，且有可能导致就业结构变革，使得高重复性、低技术含量的工作逐渐消失。

此外，麦肯锡在2017年的另外一份报告中，根据对46个国家和800种职业进行的研究作出预测，到2030年，全球将有多达8亿人失去工作，取而代之的是自动化机器人。届时，全球多达1/5的劳动力将受到影响。全球将发生类似在20世纪初的大规模岗位转变，当时全球大部分岗位从农业转为工业。[①] 简言之，就是用资本和技术替代劳动力。同时，人工智能技术的广泛应用也将增加对这方面的专业人才的需求。

研究显示，有三种类型的国家最有可能从人工智能技术的发展中受益。第一类是有人工智能先发优势的国家，比如，美国和中国都被看好。第二类是资本和技术密集且人口较少或处于下行趋势的国家，比如，日本、韩国、新加坡，既有发展人工智能的资本、技术条件，又能借助人工智能的发展弥补人口总量不足或呈下降趋势、人口结构老龄化等劣势。第三类是拥有更多科学家、数学家、工程师的国家，或重视科学、技术、工程、数学（STEM）相关专业教育的国家。

其次，人工智能将从军事上改变国家间的力量对比。

---

① Rich Miller, "Robots Are Coming for Jobs of as Many as 800 Million Worldwide", Bloomberg, Nov. 29, 2017, https://www.bloomberg.com/news/articles/2017-11-29/robots-are-coming-for-jobs-of-as-many-as-800-million-worldwide，最后访问时间：2019年2月16日。

军事智能化的鼓吹者认为，人工智能将颠覆战争形态和战争样式。机械化战争是以物释能，靠的是石油和钢铁；信息化战争是以网络聚能，靠的是信息和链接。而根据目前的预期，一旦战争进入智能化时代，将是以智驭能，打的是机器人和自动化战争。

可以预见的是，在智能化条件下，战斗人员、作战概念、制胜机理等战争要素都将发生改变。在传统的战争中，即便存在敌对双方在武器装备、训练水平上的差距，劣势一方凭借有利的天时地利、超人一等的计谋、先进的战术等，尚可一战，比如，在伊拉克和阿富汗战争期间，简易爆炸装置就让美军吃尽了苦头。而在智能化战争条件下，一方在人工智能上的技术优势会迅速形成战场上的压倒性优势，使劣势一方无法形成有效的观察—判断—决策—行动循环，始终处于被动挨打的状况。布鲁金斯学会在《人工智能改变世界》报告中提出了“极速战”（hyperwar）的概念，即战争是一个与时间赛跑的过程，决策最快和执行最快的一方通常会占上风。在人工智能辅助下的指挥和控制系统，其决策速度会大大超越传统战争模式，加上能够自主决定发射致命武器的自动武器系统，将大大加速战争进程，以至于需要创造一个新术语“极速战”来描述这种战争模式。① 关于后者，2018 年

① Darrell M. West and John R. Allen，“How Artificial Intelligence Is Transforming the World”，Brookings Institution，April 2018，https：//www. brookings. edu/research/how-artificial-intelligence-is-transforming-the-world/.

4月26日的“大西洋”网站刊发的《当排爆机器人变成武器》一文中，就用大量分析说明，军事机器人可以显著降低路边炸弹的威胁。①

人工智能还将引发军事装备的革命性变化，无人自动性致命武器的集群式作战，可能成为未来战争的主角和主要作战方式。设想中的空中无人机“蜂群”、水下无人潜艇“狼群”、地面机器人、无人坦克“蚁群”等一旦出现，将重构“消耗战”“人海战术”的价值，使得舰母、F－35战斗机等复杂而昂贵的大型武器平台，从战争成本和作战效能的综合角度看变得不那么具有优势。可以想象一下，当单价成本上亿美元的F－35战斗机对战单价在几千美元的武装无人机集群时，无异于“大炮打蚊子”。

需要说明的是，人工智能对军事的影响尚存在很大不确定性，这种影响可以有多大、如何影响，都并不确定。在2018年7月清华大学第七届世界和平论坛“人工智能与安全”分论坛的讨论中，有专家提出，虽然目前大致可以判断出机器学习、工业机器人、材料科学等技术的未来发展趋势，但这些技术结合起来给未来战争造成的具体影响尚无法准确预估。20世纪前30年，当时的德、英、法、意等欧陆军事强国都研发出了坦克、飞机、无

① Caroline Lester, “What Happens When Your Bomb-Defusing Robot Becomes a Weapon”, *The Atlantic*, April 2018, https://www.theatlantic.com/technology/archive/2018/04/what-happens-when-your-bomb-defusing-robot-becomes-a-weapon/558758/.

线电通信技术等。但是，只有当德国在第二次世界大战中遂行了“闪电战”后，世界才发现这些新技术作为一个整体竟会给战争带来如此颠覆性的改变。现在，无论“算法战”还是“蜂群”战术，战略界的热议都还是从单项技术出发分析其对作战的影响。如果不能从整体上认识人工智能技术的军事运用，设想出来的应对措施有可能成为昂贵而无用的新“马其诺防线”。

再次，按照目前的研究成果看，人工智能对国际格局的影响可以概括为以下四个方面。

一是可以显著增加全球财富。但是财富在国家间的分配将更加不平衡，人工智能技术的引领国受益多，落后国受益少，人工智能将进一步拉大国家间的经济总量和质量差距。新增财富在地区间的分配也将是不平衡的，东亚地区有可能成为人工智能技术的最大受益者，美国有条件巩固其世界经济中心的地位，而东亚的地位也会进一步上升。与此同时，财富在同一国不同地区、不同行业、不同群体中的分配可能进一步失衡，相关国家国内政治平衡也将受到不同程度的冲击。二是在资本、技术、劳动力三要素中，人工智能有利于具有前两项要素比较优势的国家，不利于劳动力要素优势的国家。三是当前人工智能技术的核心要素是算法、算力和数据，哪个国家拥有的计算资源越多、研发的算法越先进、掌握的数据越多，就越有可能获得经济优势。未来可能出现“算法博弈”“算法霸权”，数据将成为国家战略资源。四是由于人工智能技术迭代速度快，在“马太效应”作用下，具有先发优势的国家将强者恒强，后发国家越来越难以追赶，形成国际社会的“阶层固化”。当前人工智能技术的发展是建立在计算机技术进步基础之上，并与数字经济发展存在紧密关联，因此数字经济和技术领先的国家将在人工智能国际竞赛中占得先机。

最后，人工智能带来的经济和军事变化，在影响国家间力量变化的同时，还可能意味着国际趋势的变化。

一是北升南降还是南升北降？近年来随着国际金融危机影响消退，发达经济体逐步复苏，而金砖国家相继出现困难，发展中国家追赶步伐放慢，“南升北降”的趋势开始减缓。如果不论其他因素，单就人工智能技术的发展而言，很可能加剧这一势头。一方面，发达经济体有条件维持甚至扩大对发展中国家的整体优势；另一方面，发展中国家之间的实力、利益分化也可能进一步加剧。

二是多极化还是两极化？阎学通教授认为国际格局的趋势是中美两极化，而不是多极化。[①] 人工智能技术的发展为他的观点提供了一定的支持。国际上很多人工智能排名不约而同地将美国和中国列为第一梯队。美国作为人工智能的发源地，在创新精神、基础理论、核心算法、高端芯片、从业人员规模和素质等方

---

① Yan，Xuetong，“Unipolar or Multipolar? A Bipolar World Ⅰ Smore Likely”，*China-US Focus*，Vol. 6，April 2015，pp. 12 – 15.

面，明显地领先于全球。而中国在人脸识别、语音识别等领域走在前面，同时拥有海量数据和应用场景等其他国家难以比拟的天然优势。中国拥有全球最多的互联网用户、最活跃的数据生产主体。2018 年 8 月 20 日，中国互联网络信息中心发布的《第 42 次中国互联网络发展状况统计报告》显示，截至 2018 年 6 月，中国网民规模达到 8.02 亿人，每年产生的数据约占全球的 13%。[①] 中国拥有更多的人工智能相关专业大学生，人才供给上更具潜力。根据腾讯研究院发布的《中美两国人工智能产业发展全面解读》报告，截至 2017 年 6 月，全球人工智能企业总数为 2542 家，其中美国有 1078 家，占 42.4%，从业人员约 7.8 万人；中国有 592 家，占 23.3%，从业人员为 3.9 万人；其余 872 家企业分布在瑞典、新加坡、日本、英国、澳大利亚、以色列、印度等国家。[②] 目前，人工智能技术竞赛主要是巨头企业之间的角力，而主要的互联网巨头也都在将自己的资源转向人工智能。在世界互联网巨头企业中，美国有苹果、谷歌、微软、亚马逊、脸书 5 家，中国有百度、阿里巴巴、腾讯 3 家。美国和中国作为人工智能的世界前两个强国，同时也是全球综合国力的前两强，与其他

---

① 中国互联网络信息中心：《第 42 次中国互联网络发展状况统计报告》，2018 年 8 月，第 20 页，http：//www.cac.gov.cn/2018－08/20/c_ 1123296882.htm，最后访问时间：2019 年 2 月 18 日。

② 腾讯研究院：《中美两国人工智能产业发展全面解读》，2017 年 7 月 26 日，第 3 页，http：//www.tisi.org/Public/Uploads/file/20170802/20170802172414_ 51007.pdf，最后访问时间：2019 年 2 月 18 日。

国家的差距可能会进一步拉大。

三是非国家行为体的权力扩大。人工智能将赋予巨头企业前所未有的权力。2016 年发生的“剑桥分析”公司通过脸书影响美国大选的事件，显示了这些企业可以有很大的政治和社会影响力。未来，一些传统的政府职能，如信息统计和收集、公众信息发布、社会福利发放还有公共政策讨论、评估与反馈，以及涉及军事和外交方面的舆论活动等，都可能被人工智能企业取代。在信息即权力的时代，企业行为对国内政治，进而对国际政治的影响力还将不断增大。美国斯坦福大学和美国 Infinite 初创公司联合研发了一种基于人工智能处理芯片的自主网络攻击系统。该系统能够自主学习网络环境并自行生成特定恶意代码，实现对指定网络的攻击、信息窃取等操作。人工智能自主寻找网络漏洞的方式将使网络作战行动更加高效，攻击手段更加隐蔽和智能。传统的防护方式是基于病毒库和行为识别，将无法应对灵活多变的人工智能病毒生成系统，其恶意代码的生成、执行、感染具有更强的隐蔽性，这将使网络安全环境面临更大的挑战。①

更令人担心的是，人工智能也有可能为恐怖分子、网络黑客、罪犯等提供新的犯罪手段。例如，恐怖分子可以远程操纵无人机或无人驾驶汽车，对目标实施暗杀和破坏活动，黑客可以利

① 学术 Plus，《美军人工智能武器化大盘点》，搜狐军事，2019 年 1 月 7 日，http：//www. sohu. com/a/287109476_ 100044418，最后访问时间：2019 年 2 月 19 日。

用大数据武器对关键基础设施进行更加复杂和自动化的大规模攻击。经常被提到的案例包括：俄罗斯在叙利亚的赫梅米姆和塔尔图斯军事基地遭受武装分子无人机攻击，委内瑞拉总统马杜罗在演讲时遭到无人机袭击，“想哭”病毒的爆发，等等。加拿大学者阿查亚提出了“复合世界”概念。[①] 毫无疑问，人工智能将增加世界的复合化，包括政治权力的去中心化、更多元的行为主体的出现，乃至政治和意识形态的多样性，因此产生更加包容和更多层次的治理需求。

四是加剧科技竞争。人工智能技术的发展及其应用，进一步巩固了科技在国际竞争中的重要地位。2016 年 5 月，美国国家科技委员会国土与国家安全分委会发布的《21 世纪国家安全科学、技术与创新战略》提到，科技已经成为一个国家国际竞争力最关键的成分。没有科技创新就没有国家安全。美国能够在国际竞争中保持优势，很大程度上有赖于其科技创新力量。国内许多学者认为，中美“贸易战”的实质是科技战，中美博弈已经率先在科技领域展开了。2018 年，美国先后对两家中国公司禁售芯片，更有甚者，公开阻止盟友国家采用中国华为公司的 5G 技术。同年 11 月 19 日，美国商务部工业安全署列出了拟议管制的 14 个“具有代表性的新兴技术”清单，其中对人工智能和机器学习的技术

---

① ［加］阿米塔夫·阿查亚：《中国与自由主义国际秩序的危机》，《全球秩序》2018 年第 1 期，第 81 页。

分类和列管最为详尽。[①] 可以预见，在人工智能时代，围绕科技的国际竞争将更加激烈，竞争的结果也将在很大程度上影响国际格局的走向。

人工智能将如何影响国际规范?

人工智能可能对现行国际规范带来一系列冲击。

第一，人工智能有可能改变战争的内涵和形式。美国学者斯蒂芬·平克指出了人类相互间使用暴力减少的历史大趋势，认为“今天我们也许处于人类有史以来最和平的时代”[②]。王缉思对当今世界战争明显减少的现象给出了五个方面的解释，包括，大国发动战争可能付出的成本和代价大大高于可能的收益；通过非战争手段也可以获得过去需要通过战争才能获得的收益；国家间相互了解的增加以及危机预防和管控机制的普遍建立；国际军控机制的建立；和平作为一种国际价值观深入人心。[③] 而人工智能的

---

① 美国商务部“具有代表性的新兴技术”清单在人工智能和机器学习项下列出的技术，包括：神经网络和深度学习（例如，脑模拟、时间序列预测、分类）；进化和遗传计算（例如遗传算法、遗传编程）；强化学习；计算机视觉（例如物体识别、图像理解）；专家系统（例如决策支持系统，教学系统）；语音和音频处理（例如语音识别和制作）；自然语言处理（例如机器翻译）；规划（例如调度、博弈）；音频和视频处理技术（例如，语音克隆、deepfakes）；AI 云技术；AI 芯片组。

② ［美］斯蒂芬·平克：《人性中的善良天使：暴力为什么会减少》，中信出版社 2015 年版，前言第 1 页。

③ 王缉思：《世界政治的终极目标》，中信出版集团 2018 年版，第 55—59 页。

发展有可能使国家和非国家行为体在是否使用军事手段解决矛盾的选择中，顾虑下降。至少从理论推演的结果看，人工智能能够从决策者、军队、民意三个层面减少对战争的制约、降低战争门槛。无人武器使得战争行为者的人员伤亡预期可以降到近乎“零”。人工智能技术的快速迭代和新材料的广泛运用将极大地压缩战争的物理成本，让战争的经济适用性上升，甚至变得有利可图。这使得决策者发动战争的诱惑增大、顾虑减少。“超视距”作战的可能性和机器人战士的出现，将进一步从心理上解放士兵。在未来战争中，士兵或许不必上战场，作战任务可以通过事先设计好的算法，由“人工智能将军”指挥无人自动武器完成。“极速战”可以极大压缩战争时间，在出现民意的反弹之前战争就可以结束了。这些可能改变人们对战争的立场，让暴力回潮。

2018 年 10 月，美国陆军协会陆战研究所发布的报告《影响力机器——让自动化信息作战成为战略制胜机制》中称，在人工智能的帮助下，利用算法生成内容，实施个性化的目标锁定和采用密集的信息传播组合，可以生成“影响力机器”，实施信息作战，由此产生指数级的影响效应。该报告认为，“影响力机器”信息作战在战略层面上的影响力远胜于人工智能技术在其他领域的应用。因为它可以在机器学习的辅助下，对情感、偏见和价值观等指标进行筛选，并锁定那些心理最易受到影响的目标受众，然后将定制的“精神弹药”快速密集地“射向”目标群体，达到影响其心理、操纵其认知的目的。①

第二，人工智能可能冲击全球战略稳定。约瑟夫·奈曾经谈到，核武器的出现使军事力量作为维护安全的手段走到了极限，甚至走向其反面。人们认识到，在核战争中没有赢家，核武器可能使全人类面临灭亡的危险。② 而人工智能将挑战经典的“相互确保摧毁”理论。兰德公司在2018年发布的《人工智能对核战争的影响》报告中分析认为，到2040年，人工智能技术的进步使报复性核反击力量成为目标并被摧毁的可能性大大增加，从而削弱“相互确保摧毁”的基础，打破核战略平衡。即使各国无意发起先发制人的攻击，也会倾向于追求先发制人的能力，以此作为与对手讨价还价的手段，而这无疑将破坏战略稳定。③

第三，人工智能的自身特点让建立相关国际军控和防扩散机制变得困难。在2018年清华大学世界和平论坛“人工智能与安全”分论坛讨论中，《智能时代的战略竞争》报告的作者之一格里戈利·艾伦（Gregory C. Allen）说，人工智能也有军民两用性，但其军事应用不同于核，更像电。如果可以认为核是一种黑白技

---

① 学术Plus，“美军人工智能武器化大盘点”，搜狐军事，2019年1月7日，http://www.sohu.com/a/287109476_100044418，最后访问时间：2019年2月19日。

② ［美］小约瑟夫·奈：《理解国际冲突：理论与历史（第五版）》，张小明译，上海人民出版社2005年版，第201—207页。

③ Edward Geist and Andrew J. Lohn，“How Might Artificial Intelligence Affect the Risk of Nuclear War?”，Rand Corporation，p. 8，https://www.rand.org/pubs/perspectives/PE296.html，最后访问时间：2019年2月19日。

术，只存在“有”或“没有”两种状态：一国要么是有核国，要么是无核国。不同的国家都可以用电，只是应用方式和程度会有很大差异。因此，无法禁止哪一个国家使用人工智能。就像美苏冷战期间的军备竞赛一样，未来很可能出现人工智能强国之间的算法竞赛。问题是：当年美苏通过军控谈判签署了一系列核导军控协议，确定了基本规则，未来的人工智能强国间能否本着同样的精神达成算法控制协议呢？艾伦认为，从目前大国关系态势看，达成这样的共识几无可能，然而，考虑到未来无序发展的风险，大国又必须认真考虑就此进行共同探讨的必要性。

第四，人工智能给国际法带来了一系列的问题。在应用人工智能武器的条件下，国际人道法和战争法的有关原则是否能够继续适用？比如，区别对待军民目标的“区分原则”、禁止过分攻击的“比例原则”、非军事手段无法达成目标的“军事必要原则”，对作战手段的限制等。有没有必要针对人工智能武器制定专门的规则？在智能化战争条件下，如何区分战斗人员和非战斗人员？战争机器人是否享有人道待遇？人工智能武器是否对其造成的损害有承担责任的能力？如果它不具备承担责任的能力，那责任主体应该是武器的制造者还是使用者？当人工智能武器侵犯国家的主权原则时，它的行为能否触发国家责任？

第五，人工智能可能冲击国际关系民主化。人工智能的发展有可能固化国际权力结构，深化小国、弱国对强国、大国的科技、经济和安全的依赖。当“赢者通吃”的人工智能技术竞争和商业竞争规律复制到国际关系上时，必然会冲击大小、强弱国家间的主权平等关系。当主要大国之间的竞争加剧时，结盟关系是否会再度成为弱国的必然选择呢？而结盟本身就是一种盟主和盟友之间的不平等关系。

第六，人工智能对全球治理提出了新的课题。人工智能的发展对于解决当今世界面临的三大困境（老龄化、数字化和气候变化）都具有意义。[1] 而更大的挑战也许是人工智能带来的对于“人”的价值的进一步思考。[2] 一些国家和城市也开始探索试行“普遍个人收入”制度（Universal Personal Income，UPI）。[3] 但这必定是一个需要汇聚全球智慧与力量共同思考和实践的问题。

---

① Kathryn Reilly，“UK's Ageing Crisis Has Become the ‘New’ Climate Change：Can Digital Innovation Save the Care System from Collapsing?”，MedTech Engine，https：//medtechengine. com/article/uks-ageing-crisis-has-become-the-new-climate-change-can-digital-innovation-save-the-care-system-from-collapsing/，最后访问时间：2019 年 2 月 20 日；McKinsey Global Institute，“Digitization，AI，and the future of work：Imperatives for Europe”，Briefing Note，September 2017，p. 1，https：//www. mckinsey. com/ ~/media/McKinsey/Featured Insights/Europe/Ten imperatives for Europe in the age of AI and automation/Digitization-AI-and-the-future-of-work. ashx，最后访问时间：2019 年 2 月 20 日。

② Pricewaterhouse Coopers，“Human Valuein the Digital Age”，December 2018，https：//www. pwc. nl/nl/assets/documents/pwc-human-value-in-the-digital-age. pdf，最后访问时间：2019 年 2 月 20 日。

③ Annie Nova，“More Americans Now Support AUniversal Basic Income”，CNBC，Feb. 26，2018，https：//www. cnbc. com/2018/02/26/roughly-half-of-americans-now-support-universal-basic-income. html，最后访问时间：2019 年 2 月 20 日；Peter S. Goodman，“Finland Has Second Thoughts About Giving Free Money to Jobless People”，*New York Times*，Apr. 24，2018，https：//www. nytimes. com/2017/07/20/opinion/finland-universal-basic-income. html，最后访问时间：2019 年 2 月 20 日。

在规则与制度层面上，可以以数据为例。在近代人类历史上，国际社会先后就自然人的跨境移动、船只和飞行器等交通工具的跨境移动、资本和商品的跨境移动等，形成了普遍认同的规则和制度安排。当前，数据作为一种资源的重要性与日俱增，随之而来的问题是：数据跨境转移应遵循什么规则、在什么样的制度安排下进行？数据的产生方、使用方、输出方、接收方等利益相关各方分别享有什么权利、承担什么义务？数据本土储存和跨境转移之间是什么关系？国家与数据企业之间是什么关系？这些都将是未来全球治理的难题。2019 年 G20 的东道主日本已经提议将全球数据治理列入 G20 的议程。

我们该如何选择？

目前，即便是走在人工智能技术最前列的科研人员也承认，人类距离制造出达到人类智慧的机器人，还有比较长的距离。目前，人工智能可能带来的安全威胁更多的是人类本身利用人工智能去威胁人类。因此，人类如何进行自我约束是人工智能技术进步过程中最为紧迫的道德问题。

2015 年 10 月 14 日，一个名为“智能平方”的组织在纽约邀请几位国际问题专家进行了一场辩论，题目是《中美是长期敌人吗?》。芝加哥大学政治学教授米尔斯海默不出所料地讲起了“大国政治的悲剧”。作为反方，澳大利亚前总理陆克文有一句话令人记忆犹新。他说，外交的挑战就是要确保阻止战争的发生，相信我们能够做到这一点。[①] 陆克文的逻辑也适用于人工智能。人工智能是一种技术，可以为善，也可以作恶。尽管对善、恶的判断和选择是一个古老和难有完全一致看法的哲学命题，但是在关系到人类根本生存这样的大问题上，拥有理性和现代文明的人类，应该可以决定向善还是向恶。

2018 年 6 月，笔者应邀参访科大讯飞北京公司，其间讨论到未来是否会出现人工翻译与机器翻译之间的竞争时，公司负责人表示，发展人工智能翻译技术的目的不是取代人，而是助力翻译工作更加准确和轻松。这给笔者以启发。毕竟，就像毛泽东同志所说的，“决定战争的是人而不是一两件武器”。人类开发人工智能技术的目的是服务于人类，是善用还是恶意应用最终取决于掌握技术的人。

当前，国际上关于秩序的讨论十分热烈。其中，中美两国学界最为关心的，也是世界其他各国所普遍关注的是，美国与中国是否会展开“新冷战”，从而导致冷战时的平行秩序再度出现？2018 年 3 月，笔者与来北京参加中国发展高层论坛的美欧人士交

---

① IQ2US Debates，“China and the US Are Long-term Enemies”，October 14，2015，http：//intelligencesquaredus. org/debates/past-debates/item/1403-china-and-the-u-s-are-long-term-enemies，最后访问时间：2019 年 2 月 22 日。

谈时，观察到他们对中美关系的前景比较悲观，认为中国的快速增长对美国来说是结构性威胁。当我问道，中美两国除了走向对抗，有没有别的选择？英国《金融时报》副主编马丁·沃尔夫（Martin Wolf）回答说，你们没有什么可选择的，中国不会停止增长，美国不会停止担忧。除非出现一种情况，例如发生来自火星的入侵，人类面临共同敌人，届时中美才有可能真正团结起来。

如果用零和博弈和追求绝对安全的眼光看待世界，那毫无疑问，人工智能会像20世纪40、50年代的原子弹、卫星一样，成为大国竞争的新焦点，并成为将世界划分为两种或多种平行秩序的助推动力。但是如果我们采用人类命运共同体的视角，本着共同安全的理念看问题，那么就不难认识到，人工智能技术带来的安全和治理挑战是需要全人类共同面对的问题。如此，我们就不难本着平等协商的精神，共同探讨各利益攸关方都能够接受的规范。那么，人工智能是否会成为那个将中国、美国、俄罗斯以及世界其他国家团结在一起的“火星入侵”式的挑战呢？

技术专家们在大声疾呼。在2018年的乌镇第五届世界互联网大会上举办的“网络空间的中美关系”分论坛上，美国联邦通信委员会原专家戴夫·法伯呼吁，应尽早就人工智能制定国际准则，避免重演核武器技术产生时因国际共识和自律的迟到而导致的悲剧及其影响至今的严重后果。

在现实中，中美两国科学技术研究领域的交往与合作是相当深入的。根据科睿唯安提供的人工智能领域科技文献数据，从2013年到2017年，全球参与评估的167个国家/地区在WOS学科“计算机、人工智能”发文排名中，中国大陆位居第一，发文量达到59573篇，占25.02%，其次是美国，发文量为32527篇，占13.66%。其中，中美两国国际合作论文数量增长最快，例如，过去5年中国大陆开展国际合作最多的对象是美国，合作论文量是4307篇。同样地，美国开展国际合作最多的国家也是中国大陆，远远多于与其他国家的合作论文量。①

国际上围绕相关问题的探讨和研究已经在步步深入。联合国裁军委致命性自主武器系统问题政府专家组的讨论就提出要注意致命性自主武器系统可能对国际安全产生的影响。例如，致命性自主武器系统技术方面的军备竞赛、扩大发达国家与发展中国家之间的技术差距，以及可能降低使用武力的门槛等；就国家对其管辖下的致命性自主武器系统负有法律责任达成非正式普遍谅解；探讨参照《特定常规武器公约》议定书的形式，制定一项具有法律约束力的文件，预防性地禁止致命性自主武器系统。

习近平主席于2018年9月在致2018世界人工智能大会的贺信中阐明了中国的立场和态度。他指出，“新一代人工智能正在全球范围内蓬勃兴起，为经济社会发展注入了新动能，正在深刻

---

① 科睿唯安信息服务：《人工智能领域科技文献中高产国家/地区的竞争力分析》，2018年12月，第13页。

改变人们的生产生活方式。把握好这一发展机遇，处理好人工智能在法律、安全、就业、道德伦理和政府治理等方面提出的新课题，需要各国深化合作、共同探讨。中国愿在人工智能领域与各国共推发展、共护安全、共享成果”。①

基于清华大学人工智能与安全项目小组的研究结果，我们提出了关于人工智能的六点原则。一是福祉原则。人工智能的发展应服务于人类共同福祉和利益，其设计与应用须遵循人类社会基本伦理道德，符合人类的尊严和权利。二是安全原则。人工智能不得伤害人类，要保证人工智能系统的安全性、可适用性与可控性，保护个人隐私，防止数据泄露与滥用。保证人工智能算法的可追溯性与透明性，防止算法歧视。三是共享原则。人工智能创造的经济繁荣应服务于全体人类。构建合理机制，使更多人受益于人工智能技术的发展、享受便利，避免数字鸿沟的出现。四是和平原则。人工智能技术须用于和平目的。致力于提升透明度和建立信任措施，倡导和平利用人工智能，防止开展致命性自主武器军备竞赛。五是法治原则。人工智能技术的运用，应符合《联合国宪章》的宗旨以及各国主权平等、和平解决争端、禁止使用武力、不干涉内政等现代国际法基本原则。六是合作原则。世界

① 新华社，《习近平致2018世界人工智能大会的贺信》，http：//www.xinhuanet.com/politics/leaders/2018 - 09/17/c_ 1123441849.htm，最后访问时间：2019年2月22日。

各国应促进人工智能的技术交流和人才交流，在开放的环境下推动和规范技术的提升。这些原则可以作为讨论和制定人工智能国际规则的基础。

虽然这些原则尚显空泛和抽象，但是国际社会需要高度重视人工智能国际规则制定问题，花更多时间进行深入探讨，寻找最大公约数。值得注意的是，许多从事高端科研的青年专家已经提出为人类的共同利益而主动自律的问题，不少企业界人士表示要在人工智能的技术研究和产品制造中自觉强调道德和道义的因素，不会从事有损人类福祉的研究和制造工作。

笔者希望国际上关于这些问题的探讨能不断深入，也期待中国的智库和科学技术界能在这个方向上与世界各国共同努力，贡献力量。

（傅莹，清华大学兼职教授、国际关系研究院荣誉院长、战略与安全研究中心主任，中国外交部原副部长。）

二　人工智能治理的原则和关键

人工智能的广泛应用给人类的生产和生活带来了很大的便利，未来的潜力更是有可能带来颠覆性的影响。但与此同时，其风险和挑战也正在引起全球范围的担忧。2015 年 1 月，包括著名物理学家霍金在内的全球数百名人工智能专家和企业家签发了一封公开信，警告说，如果不对人工智能技术进行有效限制，“人类将迎来一个黑暗的未来”。由此引发的担忧和恐惧，已经成为媒体和社会舆论的热门话题，很多国家和组织已经开始考虑构建人工智能的安全治理机制。

2017 年，全球行业领袖制定《阿西洛马人工智能原则》，为技术发展制定了“有益于人类”的自律守则；欧盟委员会也发布了人工智能道德准则；经济合作与发展组织（OECD）于 2019 年正式通过了首部人工智能的政府间政策指导方针，确保人工智能的系统设计符合公正、安全、公平和值得信赖的国际标准；二十国集团（G20）也出台了倡导人工智能使用和研发“尊重法律原则、人权和民主价值观”的《G20 人工智能原则》；中国国家新一代人工智能治理专业委员会发布的《新一代人工智能治理原则》，提出发展负责任的人工智能。

治理的六项原则

如前所述，2018 年 7 月，清华人工智能治理项目小组在世界和平论坛①上提出了“人工智能六点原则”，为人工智能的综合性治理提供了一个宏观框架。一是福祉原则；二是安全原则；三是共享原则；四是和平原则；五是法治原则；六是合作原则。这六项原则为人工智能治理的讨论和共识构建提供了一种可能，在 2018 年年底的世界互联网大会和 2019 年的世界和平大会上，国际上很多学者和企业家都对此表达出了兴趣和重视，不少机构希望进一步合作研讨。目前企业界已经出现了一些自律的尝试，如在产品程序中加入“禁飞策略”来规范无人机的使用；又如医疗和交通业界通过数据脱敏，既有效保护了个人隐私信息，又有利于形成数据资源利用的良性循环。现在的任务是，如何在国际社

① 世界和平论坛（World Peace Forum）由清华大学于 2012 年创办，迄今已举办 8 届，是目前中国唯一一个由非官方机构组织举办的国际安全高级论坛，旨在为国际战略家和智库领导人提供探讨国际安全问题、寻找建设性解决方法的平台。

会推动这些原则落地，形成更有加务实、更具操作性的治理机制。

治理机制的关键

国际治理机制不仅意味着共识和规则，也应包括确保规则落地的组织机构和行动能力，甚至要有相关的社会政治和文化环境。清华大学战略与安全研究中心正在与一些国家的学者专家、前政要和企业家一道，对相关问题进行探讨。从现实来看，人工智能国际治理的有效机制至少应包括如下五个关键内容。

（一）动态的更新能力

人工智能技术的研发和应用都进入快速发展的阶段，对未来的很多应用场景以及安全挑战，目前还有许多不明确之处。因而，对其治理须充分考虑技术及其应用的变化，建立一种动态开放的、具备自我更新能力的治理机制。

例如，需要向社会提供人工智能“恶意应用”的具体界定和表述，这种表述应该在生产和生活实践中可观测、可区分，在技术上可度量、可标定。更为重要的是，它应当是持续更新的。只有具备动态更新能力的治理机制才能在人工智能技术保持快速发展的情况下发挥作用。

这就意味着，在推进治理的同时，要主动拥抱人工智能技术的不确定性，做好在思维模式上不断调整的准备。爱因斯坦曾说："我们不能用制造问题时的思维来解决问题。"颠覆性创新技术与固有思维之间的冲突与激荡，必将伴随着人工智能治理的全过程。在此情景下的治理机制，也应该对各种思潮和意见的交织和反复具备足够的包容之心和适应能力。这一机制将帮助人类携手应对人工智能层出不穷的新挑战。从这个意义上讲，建立一个能够适应技术不断发展的动态治理机制，也许比直接给出治理的法则更有意义。

（二）技术的源头治理

人工智能的应用，本质上是一项技术的应用。对其治理必须紧紧抓住其技术本质，特别是人工智能的安全治理问题，从源头开始实施治理，更容易取得效果。例如当前大放异彩的主要是深度学习技术，其关键要素是数据、算法和计算力，于是，我们可以从数据控流、算法审计、计算力管控等方面寻找治理的切入点。

随着人工智能技术的飞速发展，今后可能出现迥然不同的智能技术，例如小样本学习、无监督学习、生成式对抗网络，乃至脑机技术等。不同的技术机理意味着，应该不断致力于从技术源头寻找最新、最关键的治理节点和工具，将其纳入治理机制之中，以维护治理的可持续性。

另外，技术治理还有一个重要内容，就是在技术底层赋予人工智能“善用”的基因。例如在人工智能武器化的问题上，是否可以像小说家阿西莫夫制定“机器人三原则”那样，从技术底层约束人工智能的行为，将武装冲突法则和国际人道主义法则中的“区分性”原则纳入代码，禁止任何对民用设施的攻击。当然这是一个艰巨的挑战，曾在美国国防部长办公室工作、深度参与自主系统政策制定的保罗·沙瑞尔就认为，“对于今天的机器而言，要达到这些标准（区分性、相称性和避免无谓痛苦）是很难的。能否实现要取决于追求的目标、周围的环境以及未来的技术预测”。[①]

（三）多维的细节刻画

人工智能的国际治理必须构建一种多元参与的治理生态，将所有的利益相关方纳入其中。学者和专家是推动技术发展的主力，政治家是国家决策的主体，民众的消费需求是推动各方前进的关键激励因素。这些群体之间的充分沟通和讨论是人工智能治理的意见基础。企业是技术转化应用的核心，学术组织是行业自律的核心，政府和军队是人工智能安全治理的核心，

---

① ［美］保罗·沙瑞尔：《无人军队：自主武器与未来战争》，朱启超、王姝、龙坤译，世界知识出版社2019年版。

这些组织之间的沟通是人工智能技术治理机制能够真正落地的关键。

在这个生态中，不同的群体应该从自身视角对人工智能的治理细则进行更加深入的刻画。例如，2019 年 8 月亨利 · 基辛格、埃里克 · 施密特、丹尼尔 · 胡滕洛赫尔三人联合撰文提出，从人工智能冲击哲学认知的角度看，可能应该禁止智能助理回答哲学类问题，在影响重大的识别活动中强制人类的参与，对人工智能进行“审计”，并在其违反人类价值观时进行纠正等。①

如果能将来自不同群体治理主张的细则集聚在一起，将形成反映人类多元文化的智慧结晶，对人类共同应对人工智能挑战发挥正本清源的作用。涓涓细流可以成河，哲学家们对于真理与现实的担忧与普罗大众对于隐私的恐惧一样重要，只有尽可能细致地刻画人工智能治理的各种细节，迷茫和恐惧才能转变为好奇与希望。

（四）有效的归因机制

在人工智能的国际治理机制中，明晰的概念界定是治理的范畴和起点，技术源头的治理是关键路径，多利益相关方的参与是治理的土壤。归因和归责在整个治理机制中发挥着“托底”的作

① 《大西洋月刊》2019 年 8 月号，第 23 页。

用，如果不能解决“谁负责”的问题，那么，所有的治理努力最终都将毫无意义。

当前，人工智能治理的一个重大障碍就是归因难：从人机关系的角度看，是不是在人工智能的应用中，人担负的责任越大，对恶意使用的威慑作用就越大，有效治理的可能性就越大？从社会关系的角度看，在各利益相关方都事先认可人工智能具有“自我进化”可能性的情形下，程序“自我进化”导致的后果，该由谁负责？“谁制造谁负责”“谁拥有谁负责”，还是“谁使用谁负责”？

从技术的角度看，世界上没有不出故障的机器，如同世上没有完美的人，人工智能发生故障造成财产损失乃至人员伤亡是迟早会出现的。难道我们真的应该赋予机器“人格”，让机器承担责任？如果我们让机器承担最后的责任，是否意味着，人类在一定范围内将终审权拱手让给了机器？

（五）场景的合理划分

在人工智能发展成为“通用智能”之前，对其实施治理的有效方式是针对不同场景逐一细分处理。从目前的发展水平看，人工智能的应用场景仍然是有限的。在2019年7月举行的第八届世界和平论坛上，很多与会学者都认为现在应尽快从某几个具体场景入手，由易到难地积累治理经验，由点及面地实现有效治理。

划分场景有助于我们理解人工智能在什么情况下能做什么。这一方面可以避免对人工智能不求甚解的恐惧，另一方面可以消除对人工智能作用的夸大其词。例如，美国国防部前副部长罗伯特·沃克（Robert O. Work）一直是人工智能武器化的积极倡导者，但是具体到核武器指挥控制的场景上，他也不得不承认，人工智能不应扩展到核武器，因为可能引发灾难性后果。①

有效的场景划分，应尽可能贴近实际的物理场景和社会场景，更应该注意数据对于场景的影响。这是因为当前的人工智能技术是对数据高度依赖的，不同的数据可能意味着不同的场景，也就是说，场景至少应该从物理场景、社会场景和数据场景三个维度加以区分。

结 语

对血肉之躯的人类而言，任何一项新技术都是一把双刃剑，几乎每一次重大的技术创新，都会给当时的人们带来不适与阵痛。但是，人类今日科学之昌明、生活之富足的现实足以证明，人类在新技术治理方面有足够的智慧，只要对新技术善加利用、

① 美国 Breaking Defense 网站，2019 年 8 月 29 日。

科学治理，任何由此而来的新威胁都能得到圆满解决。我们相信，国际社会一定能够形成良性的治理机制，享受人工智能技术带来的更繁荣、更安全的世界。

（傅莹，清华大学兼职教授、国际关系研究院荣誉院长、战略与安全研究中心主任，中国外交部原副部长；李睿深，清华大学战略与安全研究中心客座研究员。）

三　人工智能的全球合作不会是“零和博弈”*

人工智能已经从60年前模拟人类智能的一项科学研究延伸为推进人类与社会发展的颠覆性技术。作为全球数字化发展的核心使能技术，人工智能已成为各个国家和政府间组织的重点发展领域，人工智能科学、技术、政策的进展也深刻影响着国际关系与全球格局。

一些国家和政府间组织担心自身在人工智能领域的优势在全球发展过程中难以保持，或存在认为人工智能的发展必然是“零和博弈”的观念误判。近年来逐渐出现了干预学者与产业科技交流与合作，甚至是孤立部分国家人工智能发展的趋势。

人工智能在世界各国、各行各业都有广泛的应用前景，也是

---

* 本文删节版以《人工智能全球合作不会是“零和博弈”》为题，2021年1月20日发表于《光明日报》，https://epaper.gmw.cn/gmrb/html/2021-01/20/nw.D110000gmrb_20210120_3-02.htm。

构建各国、各种文化沟通、联系的重要桥梁，因此世界各国都在加紧制定和实施人工智能战略，发展人工智能技术与应用。近年来，中国基础研发实力稳步攀升，人工智能应用场景和机遇不断丰富并在国际环境下显现出明显优势。在此背景下，国务院印发的《新一代人工智能发展规划》提出，到2030年成为世界主要人工智能创新中心。这里需要指出：未来的人工智能全球格局将呈现网络化的发展趋势，在基础研究、产业研发、应用服务等多个视角将涌现出一批主要和重要中心与结点，将呈现多中心发展的趋势。没有任何一个国家能够在人工智能发展中成为世界的中央，这些主要结点之间将高度互联，深度协作，共同带动世界人工智能的发展。

人工智能关系到未来的社会发展与人类命运，其基础与应用的发展应服务于全人类。与很多以基础研究为核心，影响人类未来的突破性科学与技术类似，人工智能的发展不存在“零和博弈”。以脑科学为例，解析脑结构与认知功能，揭示人类智能的本质也许还需要数百年的科学探索。正因为此，全球脑神经科学家协作发起国际脑研究组织等机构，协调各国脑研究计划的发展并促成资源共享与合作，建立脑研究观测站，促进脑科学数据全球共享与科学发现。揭示脑与智能的奥秘需要国际协作，实现真正意义的人工智能并推进人类发展更是需要建立机制进行长期全球合作。

人工智能治理原则是各国开展人工智能合作的重要桥梁和政策基石。中国发布的《新一代人工智能治理原则——发展负责任的人工智能》提出，通过人工智能推进全球可持续发展，以及具体原则中提出的和谐友好、包容共享、开放协作等既是中国发展新一代人工智能的愿景，又是中国向世界抛出的人工智能合作方针。包容发展的基础是对多元文化与价值观的认同。在多元文化的氛围中促进文化交互，增进相互理解，扩大共识，管控分歧并逐步减小分歧。以“和谐”为例，其思想和表述广泛存在于中国、日本、韩国、非洲地区的哲学与文化中，不同文化中对“和谐”的理解与发展极大丰富和加深了相关理念对现代共生社会的意义，甚至将成为未来人与人工智能和谐共生的思想源泉。可持续发展目标的实现是全人类的共同目标，无论价值观、文化、地域、政治等方面有何差异，人工智能推进社会、经济、环境的可持续发展都应成为全球人工智能发展的共同愿景。这就需要各国在人工智能基础研究、智能评估、应用场景案例与最佳实践、技术与社会伦理风险等各个维度共促交流，共享成果。

模型与算法创新是人工智能基础研究的核心，也被认为是各国竞争的战略制高点。然而即使在这个核心领域，最大程度的共享成果仍然是促进创新最好的方式。在人工智能技术领域，基于相同数据与任务的国际技术挑战赛及国际研讨会是促成良性竞争的重要手段，人工智能科研人员和工程师总是能够在这种良性竞争中相互获得启发，获得未来的创新灵感，并提出更好的模型与算法。算法的开放和开源是最大化创新影响力最有力的手段，只有这样，人工智能算法与系统才会在研究和技术社群的共同推动下进行快速迭代，深度学习技术与系统在国际上的广泛应用与发展就得益于相关开源开放社区的共同推动。包括获得应有的荣誉与认可，算法和系统的初创者也将以各种其他方式直接受益于开源开放生态，例如，技术发展历史已证明，采用开源开放的模式，算法的漏洞与安全隐患会被来自全球不同国家的社群贡献者尽快地发现与修补。在人工智能领域已经逐步形成的开源开放生态正推进人工智能技术的快速发展，全球的人工智能创新者、政策制定者以及各国政府都有责任延续和维护这种良性竞争与协作发展的平台。

人工智能是一项具有高度不确定性的颠覆性技术，其发展过程中存在的技术安全与伦理问题需要各国协作共同应对，否则技术发展的风险与负面影响将在不同的地域重蹈覆辙，波及广泛。以采用人工智能进行教室内的自动表情识别为例，相关应用在中国的中学、大学出现后，由于其对学生隐私的侵犯及对学生与教师之间交互方式的负面改变，得到了教育主管部门、公众会的广泛反对甚至是叫停。然而相关经验及处理手段并没有引起其他国家重视，却在短短几个月内在美国、部分欧洲国家陆续重演。然而这并不意味着人工智能应当在校园场景中绝对禁止，只是我们能否在保护隐私的同时发挥技术的善用。例如，日本某些中小学采用人工智能防止校园霸凌的经验就值得其他国家借鉴。此外，不同人工智能实现途径存在的长远风险不仅是技术相关的，也有文化相关的方面。如西方国家主要将人工智能视作一种工具，日本主要将人工智能视作人类的伙伴与社会的准成员，科幻作品中更多地将人工智能视作人类公敌。人工智能与人类的不同长远关系愿景在技术发展过程中将伴随不同类型的风险，规避此类风险就非常值得全球协作，对长远议题开展联合研究与风险防范。更要防止人工智能在技术发展存在极大不确定性的情况下的恶性竞争、误用、滥用甚至是恶用。

中国虽致力于成为世界人工智能的主要中心之一，但这里有两点理念前提十分明确。首先，每个国家的发展理念、优势、侧重点各有不同，但应当相互借鉴。例如，美国和英国在人工智能基础理论的原始创新上具有明显优势，而其他欧洲国家普遍在人工智能伦理与治理方面进行了更扎实的布局，日本则在人类与人工智能的发展关系方面值得关注。其次，作为人工智能发展的主要中心之一，中国应承担带动发展网络中优势不明显，特别是弱势国家的人工智能发展的责任，使人工智能普惠全球。这些认识对于其他国家也应具有参考价值。

在人工智能跨文化合作方面，中英学者曾共同指出：即使在价值观和原则层面存在视角的不一致甚至是分歧，但是对具体问题的处理上若能够达成一致意见，仍不失为进行跨文化合作的有效方式。和而不同、和舟共济的智慧为来自不同文化和历史背景的价值观、技术发展建立了沟通的桥梁。

全球人工智能的格局未来必然向多主要中心、彼此互联的网络化方向发展。在此过程中，各国应当通过合作避免误解、加强互信。为了实现全球人类、社会、环境、技术的可持续发展，应当充分发挥联合国等具有极大包容性国际组织的积极作用，秉承人类命运共同体的理念，实现人工智能技术及其应用的全球化发展，服务于全人类的福祉。

（曾毅，中科院自动化所中英人工智能伦理与治理中心主任。）

四　国际人工智能战略比较

人工智能发展正进入新阶段，不断加快与经济社会各领域渗透融合，推动产业升级，助力经济转型，促进社会进步。2017年，国务院发布了《新一代人工智能发展规划》，工业和信息化部发布了《促进新一代人工智能产业发展三年行动计划（2018—2020年）》，人工智能成为国家重点支持的战略新兴产业。美国、欧盟、日本和俄罗斯也先后发布了发展人工智能的战略报告和文件。本章基于美国、欧盟、日本、俄罗斯和中国最新发布的人工智能战略报告，从战略要点、发展原则、实施措施三个维度，比较上述大国或行为体在人工智能战略和政策上的立场共性和差异，并提出在人工智能产业和安全治理合作的可能性。

1950年，英国科学家图灵在他的论文《计算机器与智能》（Computing Machinery and Intelligence）中提出了“图灵测试”的概念，即如果人类测试者在向测试对象询问各种问题后，依然不能分辨测试对象是人还是机器，那么就可以认为机器是具有智能的。随着“图灵测试”这一概念的提出，1956 年首届人工智能研讨会在美国新罕布什尔州达特茅斯举行，人工智能作为一门学科正式为科学界所承认。①

20 世纪 60 年代之后，以首届研讨会的开展为标志，人工智能研究开始快速发展。虽然学术界对于这个新兴领域尚未给予明确定义，但学术先驱者们已经对会议中的思路展开了讨论并投入研究。以麻省理工学院（MIT）和 IBM 公司为代表的研究组织迅速组建了人工智能研究中心。美国政府也对人工智能的研究提供支持并投入资金。1963 年，MIT 人工智能研究中心获得了来自美国国防部高级研究计划署（ARPA）220 万美元的研究资金。这一援助的宗旨是保证美国在技术进步上领先于前竞争对手苏联，切实加快了人工智能研究的发展步伐。20 世纪 70 年代可以称为人工智能成果迭出的十年。诸如专家预测系统、机器视觉系统等新式人工智能技术得以开发，并在各个领域实验准备投入使用。20 世纪 80 年代，人工智能发展更为迅速，更多地开始进军商业领域。1986 年，美国人工智能相关软硬件销售总额高达 4.25 亿美元。数字电气公司、通用汽车公司、波音公司等开始大面积装备人工智能专家系统。同时，顺应日益迫切的商业需求，大量的

① 傅莹：《人工智能对国际关系的影响初析》，《国际政治科学》2019 年第 1 期，第 2 页。

人工智能研究生产公司如 Teknowledge、Intellicorp 相继成立。20 世纪 90 年代至今，人工智能全方位影响人类社会，与人类越来越多的生产和生活领域息息相关，在一些专门领域接近甚至超过人脑的表现。作为一种有潜力改造人类社会面貌的泛在性技术，人工智能在科技、产业、军事、社会、伦理等领域被广泛讨论。[①]

人工智能在国际关系的竞争与合作中的重要影响正日益凸显。2017 年以来，美国、中国、欧盟、日本、俄罗斯等为代表的人工智能技术强国和行为体陆续发布了人工智能产业战略或伦理规范的报告及文件。下面将剖析各国最新发布的人工智能战略报告，并研究这些国家和地区的人工智能技术的产业战略和治理规则，比较它们之间的共性和差异，并在此基础上提出国际治理合作的政策建议。

美国：确保美国人工智能的领导地位

在人工智能正式成为一门科学学科后的 60 年来，美国在其发展、创新、投资等方面持续保持着国际领先地位。但自进入 21 世纪后，美国在包括人工智能在内的各项科技创新性初创投资逐年减少。2008 年金融危机之后，美国政府以及相关企业机构因受

① 傅莹：《人工智能对国际关系的影响初析》，《国际政治科学》2019 年第 1 期，第 2 页。

到冲击，在人工智能等科技新兴领域的投资逐渐减少，呈现出相对停滞的趋势。然而，在进入21世纪后，以中国为首的，包括欧盟、日本、俄罗斯在内的多个国家及行为体逐步加强了对发展人工智能的重视程度。

对于美国而言，中国已成为美国在人工智能领域的头号竞争对手。中国的人工智能在近年来发展迅速，逐渐从追赶到跟跑并在部分领域实现了技术的领跑。在投资方面，创投研究机构CB Insights于2019年2月12日发布的研究报告称，“2017年中国人工智能初创投资占全球人工智能初创投资的48%，首次超越美国”。[①] 在学术研究方面，2018年特朗普政府所预算的政府科学和技术研究资金相较2017年削减了15%，而当年中国所发表的人工智能研究论文数量超越了美国。[②] 在军事方面，美国国防部首席信息官兼人工智能中心主任约翰·杰克·沙纳汉少将在2019年3月12日军事委员会所举行的听证会上指出：“中国和俄罗斯等战略竞争对手，正在为军事目的对人工智能进行重大投资。这些投资可能侵蚀我们的技术和运营优势，破坏自由开放的国际秩序。国防部必须与我们的盟国和伙伴一道，将人工智能批准为战

① CB Insights, “China Is Starting to Edge out The US in AI Investment”, February 12, 2019, https://www.cbinsights.com/research/china-artificial-intelligence-investment-startups-tech/.

② Carissa Schoenick, “China to Overtake US in AI Research, AI 2”, March 13, 2019, https://medium.com/ai2-blog/china-to-overtake-us-in-ai-research-8b6b1fe30595.

略目标，在未来的战场上取胜，并维护这一秩序。”①

为了针对日益接近的竞争对手，特朗普政府采取了应对措施。2019 年 2 月 11 日，美国总统特朗普签署了一项名为《维持美国在人工智能领域领导地位》的行政命令（后文称《行政令》)。该《行政令》承诺将推动美国经济的增长，提高美国的经济安全与国家安全。《行政令》把美国现阶段的人工智能战略包含了政策与原则、战略目标、规则与责任、联邦重点投资人工智能研发与发展、人工智能数据与计算资源的分配、人工智能监管指南、人工智能与美国人力资源、制定确保美国人工智能技术优势的行动计划、战略词汇定义、通用规定十个要点。②

（一）定位——确保美国人工智能在全球的领导地位

《行政令》指出，“保持美国在人工智能领域的领导地位对于维护美国的经济和国家安全尤为重要，同时也符合美国的价值观、政策和国家利益。维持美国在人工智能领域的领导地位有助于美国控制人工智能的全球演变进程。联邦政府在促进人工智能研发方面发挥着重要作用，包括促进美国国民对人工智能相关技

---

① United States Commitee on Armed Services, “Artificial Intelligence Initiatives”, March 12, 2019, https://www.armed-services.senate.gov/imo/media/doc/Shanahan_03-12-19.pdf.

② White House, “Executive Order on Maintaining American Leadership in Artificial Intelligence”, February 11, 2019, https://www.whitehouse.gov/presidential-actions/executive-order-maintaining-american-leadership-artificial-intelligence.

术开发和部署的信任，培训有能力在其职业中应用人工智能的劳动力，保护美国人工智能技术基础不受影响，避免被战略竞争对手和对抗国家的收购等”。[①]

（二）重点领域——政令引领的六大战略领域

《行政令》强调，人工智能影响几乎所有执行部门和机构。联邦政府所属的执行机构应落实拟定的六个战略目标，以促进和保护美国人工智能的进步。

第一，开展多边全面合作。政府、私人企业和实验室等应加强在人工智能领域的国际多边合作，以研究他国战略布局、明晰他国核心技术，从而精确定位自身。

第二，维护国家机密。在加快人工智能发展的同时，以联邦政府为首的相关机构应在各个方面提高数据质量，加强保密手段并完善保密机制。

第三，全面快速创新。各级联邦政府应提供有效政策以全面支持各领域人工智能的创新、减少人工智能创新的政策阻碍。

第四，构建人工智能国际标准。联邦政府应积极全面构建人工智能的国际标准，确立以安全为基础的国民信任机制。

---

① White House, “Executive Order on Maintaining American Leadership in Artificial Intelligence”, February 11, 2019, https://www.whitehouse.gov/presidential-actions/executive-order-maintaining-american-leadership-artificial-intelligence.

第五，全面敦促人工智能教育推广。联邦政府应牵头各个私人企业、高等院校及实验室等相关机构推广人工智能教育。

第六，全力保持人工智能领先地位以确保国家安全并获得竞争主动权。联邦政府应精确调研各个领域、有效调配各项资源以保证人工智能的全面领先地位，确保国家安全并获得竞争主动权。①

《行政令》中的六大战略目标所规划的重点领域，展示了未来美国在国内国外人工智能领域以发展和竞争为主线的全面布局。

（三）实施工具——政令由企业、院校、实验室落实带动人工智能全面发展

根据《行政令》，联邦政府基本确立了以政府为调控核心，以企业、院校和实验室为主力，在人工智能领域全面发展的方针。

A. 政府为调控核心

第一，通过与国家科学技术委员会（NSTC）人工智能特别委员会进行协调，联邦政府积极推进基础人工智能研究并部署人工智能技术应用，提供教育补助、建立人工智能指导规范。

① White House, "Executive Order on Maintaining American Leadership in Artificial Intelligence", February 11, 2019, https://www.whitehouse.gov/presidential-actions/executive-order-maintaining-american-leadership-artificial-intelligence.

第二，联邦政府要求所有机构的负责人进行数据自查，以增加非联邦人工智能研究界获取和使用联邦数据和模型的机会使社区受益，并同时确保数据安全、保护公民自由与隐私权又不失机密性；美国国家航空航天局和国家科学基金会应在适当和符合适用法律的范围内，优先考虑通过酌情分配资源、资源储备为人工智能相关应用程序分配高性能计算资源。

第三，联邦政府要求以美国行政管理和预算局、国家科学和技术政策局、国家政策委员会和国家经济委员会牵头，协调相关机构发布一份人工智能监管备忘录。备忘录应明确各级机构制定有关技术的监管和非监管领域、人工智能授权或启用的条件以及促进创新减少障碍的方法。

第四，“联邦政府要求国家安全事务总统助理与国家科学和技术政策局应在国家安全总统备忘录的指导下组织制定行动计划，以保护美国在人工智能方面的优势。并在面对战略竞争对手和敌对国家时，确保美国经济和国家安全利益”。[①]

《行政令》中联邦政府提出的上述四个方面的内容对于各级政府、各个部门的命令明确地形成了以政府为调控核心的发展格局。

---

① White House, “Executive Order on Maintaining American Leadership in Artificial Intelligence”, February 11, 2019, https：//www. whitehouse. gov/presidential-actions/executive-order-maintaining-american-leadership-artificial-intelligence.

B. 企业、院校和实验室为实施主力

第一，联邦政府敦促以企业、院校和实验室为代表的相关机构重点优先投资人工智能的研发。相关机构应优先关注人工智能研发与创新，按照标准规定提供研究资金，保持与联邦政府的密切联系。在法律允许的范围内，人工智能研发机构的负责人应探索与非联邦实体合作的机会。

第二，联邦政府敦促以企业、院校和实验室为代表的相关机构提供人工智能各领域的教育补助金，执行机构负责人应在符合适用法律的范围内，将人工智能作为现有联邦研究和服务方案的优先领域，其范畴涵盖教育、培训以及军队调试。[①]

《行政令》中联邦政府对企业、院校和实验室提出的这两条敦促投资与发展的命令，构成了美国由企业、院校和实验室落实政令，带动人工智能全面发展的整体格局。

（四）国内分歧

美国国内在人工智能战略上也存在一定的分歧，主要体现在人工智能是否与他国合作的问题上。就合作问题而言，美国国内主要分为两派，一派为以特朗普政府和参众议员为代表的拒绝合

① White House, "Executive Order on Maintaining American Leadership in Artificial Intelligence", February 11, 2019, https://www.whitehouse.gov/presidential-actions/executive-order-maintaining-american-leadership-artificial-intelligence.

作的“鹰派”。美国国防部在2019年4月3日发布的《5G生态系统：对美国国防部的风险与机遇》报告中指出：“美国国防部应倡导积极保护美国技术知识产权（IPR），以减缓中国电信生态系统的扩张”，认为“美国应建议CFUIS停止与有销售过带有后门和安全漏洞产品历史的公司进行合作”。[①] 该报告中上述两条倡议几乎明确地指向了中国以华为为代表的人工智能相关开发企业，并强调要与它们划分界线。另一派为以谷歌、英特尔、微软等涉足人工智能的企业及研究专家为代表的支持理性合作的“鸽派”。“鸽派”认为，在中美人工智能研发上进行“军备竞赛”是不合理的，相互合理合作才是共赢之道。例如，微软位于北京的其总部以外的最大研发机构——微软亚洲研究院已成立20余年，在打造中国的AI生态系统等方面发挥了不可或缺的作用。同时，微软在中国广受欢迎的聊天机器人等项目，也在利用中国的庞大用户群完善其AI技术。此外，据谷歌发言人Chris Brummitt称，华为在开发人工智能Track AI系统与谷歌进行了合作，谷歌的创意团队为华为提供了营销帮助。[②]

---

① Defense Innovation Board, “The 5G Ecosystem: Risks & Opportunities for DoD”, April 3, 2019, https://media.defense.gov/2019/Apr/03/2002109302/-1/-1/0/DIB_5G_STUDY_04.03.19.PDF.

② “Trade War Didn't Stop Google, Huawei AI Tie-up”, *The Economic Times*, April 2, 2019, https://economictimes.indiatimes.com/tech/internet/trade-war-didnt-stop-google-huawei-ai-tie-up/articleshow/68680797.cms.

欧盟：制定 AI 规则以摆脱落后地位

对于欧洲而言，人工智能并非新鲜事物。自人工智能在 20 世纪 50 年代出现后，学术氛围浓厚的欧洲在人工智能研发上率先起步。计算机科学之父、提出“图灵测试”概念的图灵是英国人，曾长期在剑桥大学任职。研究机构方面，成立于 1988 年的德国人工智能研究中心（DFKI）是德国顶级的人工智能研究机构，也是目前世界上最大的非营利人工智能研究机构，其股东包括 Google、Intel、微软、宝马、SAP、Airbus 等顶级科技企业。

然而，从现阶段来看，在新的人工智能时代，欧洲没有取得先机。短期内，由于缺乏完整的人工智能工业体系，欧洲仍然很难回到人工智能的主流舞台，其原因有三：第一，在欧盟各国，人工智能初创公司数量均远低于世界人工智能第一梯队国家，即中国和美国；第二，欧盟在人工智能学术研究相关成果上的数量和质量以及对人工智能的投资数额均落后于第一梯队国家；第三，因政策的滞后导致人才严重流失，大量高技术企业被收购。这三个原因都可以归咎于欧盟各国政府对人工智能产业的不敏感以及人工智能战略政策的缺失。为了扭转人工智能的相对落后局面，2019 年 4 月 8 日，欧盟委员会发布了《人工智能战略计划》

(以下简称《计划》)，全面推进欧盟内的人工智能产业发展[①]。2020年2月，发布的《人工智能白皮书：通往卓越与信任的欧洲之路》强调，建设“卓越生态系统”和“信任生态系统”，构筑可信赖与安全的人工智能监管框架。2020年12月，欧盟委员会又公布了《数字服务法案》和《数字市场法案》两项草案，对外发出了加强对大型网络平台恶性竞争和保护个人隐私的立法信号。

(一) 定位——取长补短，着力于制定国际规则、规范

《计划》指出，除了希望在技术与发展上迎头赶上人工智能世界第一梯队之外，欧盟也十分重视人工智能所可能带来的在隐私和安全等方面的风险，并尝试率先在人工智能道德等相对空白的领域研究制定国际规则和规范。《计划》明确指出，欧盟人工智能发展以七条人工智能道德准则为基准，坚持建立以信任为先决条件的以人为本的人工智能产业。七条道德原则为：人力资源和监督；技术稳健性和安全性；隐私和数据治理；透明度；多样性，非歧视和公平；社会和环境福祉；问责制。[②] 这七条人工智能道德准则即为欧盟尝试制定国际规则、规范的

---

① European Commission, “Artificial Intelligence”, April 8, 2019, https://ec.europa.eu/digital-single-market/en/artificial-intelligence.

② European Commission, “Artificial Intelligence”, April 8, 2019, https://ec.europa.eu/digital-single-market/en/artificial-intelligence.

雏形。

（二）重点领域——构建人工智能发展的“三驾马车”：投资、变革、规则

《计划》表明欧盟的人工智能发展战略主要由“三驾马车”构成。第一，加大对人工智能领域的投资，从公共和私营方面同时入手，切实地解决如对初创公司支持较少、初创公司难以发展的问题。第二，加大人工智能领域政策扶持力度，完善人工智能教育体系，完成人工智能各相关机构、企业的变革，吸引高端人才并防止高科技企业向欧盟外流失，推进人工智能的加速发展。第三，积极参与制定人工智能国际规则，力求在国际规则、规范方面处于领先地位，取长补短，以改变技术等方面发展相对落后的现状。

（三）实施手段——官方民间双管齐下促进人工智能的发展

《计划》强调，欧盟的人工智能发展基调为官方和民间相互调剂，共谋发展。第一，通过要求公共和私营部门对人工智能进行积极投资，保证人工智能得以加快发展。在公共投资方面，欧委会确立了“地平线 2020”计划，将人工智能的年度投资增加 70%，即到 2020 年年底欧委会计划向人工智能领域投入约 15 亿欧元。在私营投资方面，欧委会将在未来十年中，力保公共和私

营机构每年对人工智能领域投资最少200亿欧元。

第二，积极应对人工智能可能带来的社会经济变革。其重点为大力支持商业发展，完善人工智能教育体系，以期吸引和留住更多的欧洲人工智能人才；为专业人士设立专门的培训和再培训计划；分析劳动力市场的变化，解决技能不匹配的问题；加强对科学、技术、工程、数学（STEM）等学科人才创业的扶持力度；使成员国教育和培训系统现代化。

第三，形成适当的道德和法律框架。欧委会认为，新兴人工智能应用程序可能会产生与责任或决策公平性相关的新的道德和法律问题。《通用数据保护条例》（GDPR）的出台是建立信任的重要一步，委员会希望在人工智能的相关法律上做出更为清晰的定义。委员会将在2019年制定并提供《人工智能道德准则》以及《关于产品责任指令解释的指南》。[①]

（四）道德准则——以人为本的现实版“机器人三定律”

《计划》所提到的七条人工智能道德准则，构成了欧盟现实版的“机器人三定律”[②]，为欧盟发展人工智能提供了原则性的引

---

① European Commission，“Artificial Intelligence”，April 8，2019，https：//ec.europa.eu/digital-single-market/en/artificial-intelligence.

② “机器人三定律”为美国科幻小说作家阿西莫夫所提出，即机器人（人工智能）不得伤害人类个体，或者目睹人类个体将遭受危险而袖手不管；机器人（人工智能）必须服从人给予它的命令，当该命令与第一定律冲突时例外；机器人（人工智能）在不违反第一、第二定律的情况下要尽可能保护自己的生命。

导，同时也为国际人工智能发展贡献了关于道德规则和规范的建设性意见。

该道德准则由七条准则构成。

第一，人力资源和监督，即人工智能禁止侵犯人类的自主性，人类必须保证能监控或干预人工智能所做出的决定，而不是被其操控或胁迫；

第二，技术稳健性和安全性，即人工智能必须保证安全可靠，应对外部攻击具有强有效的免疫力及防御力；

第三，隐私和数据治理，即人工智能应保证其所收集的各类数据的安全性、私人性、保密性；

第四，透明度性，即人类应能对人工智能所作出的决定进行合理解释，并公开创建人工智能系统的算法与数据；

第五，多样性，非歧视和公平，即人工智能应保证公平对待所有人类，无论年龄、性别、种族等人类特征；

第六，社会和环境福祉，即人工智能系统应确保可持续的并促进积极的社会变革；

第七，问责制，即人工智能系统需具备可审计性、可举报性等特质，并应提起自查与报道其可能产生的负面影响。[①]

① "Ethics Guidelines for Trustworthy AI-Building trust in human-centric AI", European Commission, April 8, 2019, https://ec.europa.eu/futurium/en/ai-alliance-consultation/guidelines.

日本：积极解决社会文化问题，切实加快发展速度

日本进入人工智能领域时间相对较晚，首个本土独立研究机构“人工智能学会”创立于1986年。日本在第二次人工智能潮的全盛期正式大力推动人工智能领域的研究，投入大量的预算，并取得了一定的成就，如第五代计算机、极限作业机器人等。然而，在进入21世纪人工智能上升为国际重点关注对象以前，日本的人工智能发展相对停滞，大量的资源被投入缓解人口老龄化等社会治理问题中。

近年来，日本政府逐渐正视本国人工智能发展的落后，接连发布了一系列的人工智能技术振兴计划，但由于日本长期没有着力发展人工智能，产业基础较差，使得相关计划实施受挫。主要原因有三个方面：第一，风险投资的活跃程度远远低于国际竞争对手。日本在2016年的风投总额为3000亿日元，虽然比上一年增长了一倍，但即便如此，资金规模也仅是美国的1/20和中国的1/10；第二，日本企业过于“墨守成规”，严重缺乏“冒险创新精神”，即企业做任何投入，更多会用短期回报进行考量；[①] 第三，日本缺乏刺激人工

① 第一财经：《第三次人工智能热潮，日本落后奋起直追》，2018年9月16日，https：//baijiahao. baidu. com/s? id = 1611774098388586617&wfr = spider&for = pc。

智能产业增长的社会环境。尽管日本政府所发布的众多振兴计划提供了较大力度的政策支持，但长期的物质充足与人口老龄化，让日本社会对新兴科技的接受力和认同感严重滞后与钝化，而个人消费多年疲软也无法提供有力的市场刺激。2017 年 3 月 31 日，日本全方位的《人工智能技术战略》（后文简称《战略》）应运而生。

（一）定位——人工智能发展主要由政策带动社会

相对于美国和中国，日本人工智能发展缓慢的主要原因是保守的社会文化以及社会环境。虽然日本政府一直在发布一系列振兴计划，大力推进人工智能发展，但效果明显不佳。《战略》指出，日本政府将在之前众多振兴计划的基础上，实现优化、细化、政策化，力图扭转日本人工智能发展的颓势。同时，《战略》及相关官方文件指出，日本将尝试规范人工智能在国际上的规则，以图曲线救国，增加日本在国际人工智能领域的话语权。①

（二）重点领域——致命性自主武器系统的国际法律倡议

2019 年，日本在政府专家组会议（GGE）中提交了对于以人工智能为核心的致命性自主武器系统的国际法律倡议。该文件旨在

① Strategic Council for AI Technology, “Artificial Intelligence Technology Strategy (Report of Strategic Council for AI Technology)”, March 31, 2017, https://www.nedo.go.jp/content/100865202.pdf.

为国际社会未来可能采取的法律行动设定方向，并指出需要利益攸关方之间达成共识的主要因素。文件强调，“关于人工智能国际法律的定义，有必要深化对人工智能自主武器的杀伤力和形式的讨论。国际社会包括拥有先进技术的国家，应就关于致命的完全自主武器系统的规则的形式和内容达成共识。日本将持续地积极与利益相关者合作，以制定出一个具有法律约束力的有效国际框架”。①

（三）实施手段——官方全面统筹调和社会问题

《战略》指出，日本人工智能技术战略主要由四个部分构成。第一，发展人工智能技术、数据和计算的必要条件。该部分分别详细解释了人工智能技术、数据以及计算对于日本在国内国外实现尖端技术发展的重要性，拟定了以政策为基调、投资为渠道、民众认识为构造的人工智能发展计划。第二，解释政府部门与人工智能发展相关的结构与职能。该部分将日本政府化整为零，以部门为单位敦促人工智能发展，并落实到具体资金和职责调配，以推进公共和私营机构对人工智能进行研究。第三，人工智能与其他相关技术融合的产业化路线图。该部分提出日本的人工智能发展与其他已有相关技术息息相关且相辅相成，应做到全面发展、互动发展，以正确的优先级为标杆，辅以精确的阶段性组

① GGE meeting, “Possible outcome of 2019 GGE and Future Actions of International Community on Laws”, 2019, https://www.mofa.go.jp/mofaj/files/000459707.pdf.

织，这一部分是日本人工智能发展的关键。第四，人工智能技术的研发与社会实施途径。该板块指出“三个中心”要点是日本人工智能嵌入契合于社会实施的重中之重，“三个中心”即人力资源的培育，工业、学术和政府的发展环境保障，公共和私营初创机构的鼓励机制。[①] 2020 年 7 月 17 日，日本综合科学技术创新会议发布《统合创新战略 2020》，其中指出运用人工智能、生物技术、量子技术等新型技术应对大规模自然灾害和疾病大流行等等非传统安全威胁，从而实现综合性安全保障。

俄罗斯：全面人工智能战略的追赶者

俄罗斯的前身苏联早在 20 世纪 70 年代就已初步投入人工智能领域，研究自动化控制系统是苏联建立起庞大经济体系的重要一步。1977 年第七届全苏控制问题会议提出了把人机对话作为控制问题解决方案的思路，提出用机器人和人工智能去解决工业生产和社会效率问题。但随着苏联的解体，苏联对包括人工智能在内的大部分技术进行了封锁，仅有极少部分的技术维持应用在军工企业中。苏联解体后，这些技术和知识随着科学家们流落到了世界各地。加

① Strategic Council for AI Technology, “Artificial Intelligence Technology Strategy (Report of Strategic Council for AI Technology)”, March 31, 2017, https://www.nedo.go.jp/content/100865202.pdf.

之俄罗斯政府全面坚决抵制欧美互联网企业，使得俄罗斯在人工智能技术方面全面落后于中、美等国。目前，为了不与人工智能全球大势脱钩，俄罗斯迫切需要一份官方人工智能战略。

（一）定位——人工智能发展百废待兴

首先建立一个“人工智能基础设施”，即国家公共和私人高科技部门之间的一系列互补和重叠的关系，旨在动员社会实现人工智能的突破。更广泛地说，它支持俄罗斯政府努力使该国成为一个现代数字经济体，并使其成为一个主要的科技发展力量。①

（二）重点领域——军用人工智能为主

近年来，普京政府仅在人工智能的几个特定领域表现出积极的支持态度，即军事、安全和反监控领域。目前，俄罗斯的人工智能战略建立在 2018 年的国家人工智能发展计划草案十点计划上，该计划由俄罗斯研究院、俄罗斯科学院、国防部高级研究基金会共同制定。与 2019 年 2 月美国发布的人工智能发展战略一样，俄罗斯的计划草案呼吁进行人工智能相关的研究和开发，支持人工智能行业标准，创造一个可靠的人力资源系统。然而，该

---

① Samuel Bendett, “Russia Racing to Complete National AI Strategy by June 15”, *Defense One*, March 14, 2019, https://www.defenseone.com/threats/2019/03/russia-racing-complete-national-ai-strategy-june-15/155563/.

计划草案的重心仍然主要为军方服务，“关注点主要集中于如飞机、导弹、电子战、雷达和无人系统的人工智能开发”。①

（三）实施手段——加快整合调配、尽快发布全面战略

俄罗斯总统普京曾向政府提交了几个关于发布人工智能的战略报告或文件的最后期限，即“2019 年 7 月 1 日：寻找方法刺激对更广泛的技术领域的投资，包括物联网、机器人技术以及中小企业对大型数据阵列的处理；2019 年 9 月 1 日：将所有俄罗斯学校连接到高速互联网服务；2019 年 12 月 31 日：开放 5 个新的科学和教育中心，到 2021 年年底再开放 10 个”。总之，阻碍俄罗斯人工智能全面发展的主要原因是该国缺乏一份统一的官方文件。普京于 2019 年 1 月 15 日发布的敦促指令中要求，俄罗斯政府必须计划于 2019 年 6 月 15 日之前制定一项国家战略。2019 年 10 月 1 日，普京签署命令并批准了一项国家人工智能发展战略，即《俄罗斯 2030 年前国家人工智能发展战略》。该战略旨在促进俄罗斯在人工智能领域的快速发展，包括推动人工智能领域进行科学研究，提升用户信息和计算资源的可用性，进一步完善人工智能领域的人才培养体系等。

① Samuel Bendet, “Putin Orders Up a National AI Strategy”, *Defense One*, January 31, 2019, https://www.defenseone.com/technology/2019/01/putin-orders-national-ai-strategy/154555/.

中国：以内促外的人工智能发展和治理战略

自人工智能领域开拓以来，中国的人工智能发展迅速，发展程度在世界各国中名列前茅，且势头有望成为该领域的全球领跑者。在投资发展方面，中国保持稳健发展。2019 年 2 月，国际权威创投调研机构 CB Insights 在一篇分析报告中指出，2017 年中国人工智能初创企业所投比占全球人工智能资金总额首次超过美国。此后，2018 年和 2019 年第一季度中国所投比持续增加，继续维持了世界领头羊的地位。① 在学术领域方面，中国的成绩同样喜人。中国人工智能论文发表的数量早在 2006 年起持续全面超越美国。据 AI 2 分析预测指出，“中国人工智能被引用学术论文研究频率指标（前 50%、前 10%、前 1%）将于 2019 年、2020 年和 2025 年分步超越美国”。② 无独有偶，在国家战略政策方面，中国政府持续大力度地支持人工智能的发展，全力为人工智能的发展保驾护航。2017 年国家发布了《新一代人工智能发展规划》和《促进新一代人工智能产业发展三年行动计划（2018—

① CB Insights, “China Is Starting To Edge out The US in AI Investment”, February 12, 2019, https://www.cbinsights.com/research/china-artificial-intelligence-investment-startups-tech/.

② Carissa Schoenick, “China to Overtake US in AI Research”, AI 2, March 13, 2019, https://medium.com/ai2-blog/china-to-overtake-us-in-ai-research-8b6b1fe30595.

2020年)》(后文统称为《发展规划》与《行动计划》)。这两份官方文件的发布是人工智能产业上升为国家战略的标志。

(一)定位——战略化持续发展争取全面领先

《发展规划》由国务院2017年7月8日全面印发,《发展规划》作为中国人工智能发展先发优势的纲领性文件,明确了中国人工智能产业"三步走"的战略目标。第一步,到2020年人工智能总体技术和应用与世界先进水平同步,人工智能产业成为新的重要经济增长点,人工智能技术应用成为改善民生的新途径,有力支撑进入创新型国家行列和实现全面建成小康社会的奋斗目标。第二步,到2025年人工智能基础理论实现重大突破,部分技术与应用达到世界领先水平,人工智能成为带动我国产业升级和经济转型的主要动力,智能社会建设取得积极进展。第三步,到2030年人工智能理论、技术与应用总体达到世界领先水平,成为世界主要人工智能创新中心,智能经济、智能社会取得明显成效,为跻身创新型国家前列和经济强国奠定重要基础。[①]

(二)重点领域——国际竞争、国际伦理、国际标准

《发展规划》重点强调了三个关键词:国际竞争、国际伦理、

① 《国务院关于印发〈新一代人工智能发展规划〉的通知》,2017年7月20日,http://www.gov.cn/zhengce/content/2017-07/20/content_5211996.htm。

国际标准。

第一，关于国际竞争，《发展规划》指出，我国国家安全和国际竞争形势更加复杂，必须放眼全球，把人工智能发展放在国家战略层面系统布局、主动谋划，牢牢把握人工智能发展新阶段国际竞争的战略主动，打造竞争新优势、开拓发展新空间，有效保障国家安全。

第二，关于国际伦理，《发展规划》指出，中国应妥善制定人工智能产品研发设计人员的道德规范和行为守则，加强对人工智能潜在危害与收益的评估，构建人工智能复杂场景下突发事件的解决方案。积极参与人工智能全球治理，加强机器人异化和安全监管等人工智能重大国际共性问题研究，深化在人工智能法律法规、国际规则等方面的国际合作，共同应对全球性挑战。

第三，关于国际标准和国际规则，《发展规划》指出，支持国内人工智能企业与国际人工智能领先高校、科研院所、团队合作。鼓励国内人工智能企业“走出去”，为有实力的人工智能企业开展海外并购、股权投资、创业投资和建立海外研发中心等提供便利和服务。鼓励国外人工智能企业、科研机构在华设立研发中心。依托“一带一路”倡议，推动建设人工智能国际科技合作基地、联合研究中心等，加快人工智能技术在“一带一路”沿线国家推广应用。推动成立人工智能国际组织，共同制定相关国际标准。支持相关行业协会、联盟及服务机构搭建面向人工智能企业的全球化服务平台。[1]

（三）实施手段——各级政府确保政策落实全面支持发展

《新一代人工智能产业三年行动计划（2018—2020年）》为工业和信息化部于2017年12月13日发布。工业和信息化部科技司负责人指出，《行动计划》从推动产业发展角度出发，结合“中国制造2025”，对《新一代人工智能发展规划》相关任务进行了细化和落实，以信息技术与制造技术深度融合为主线，推动新一代人工智能技术的产业化与集成应用，发展高端智能产品，夯实核心基础，提升智能制造水平，完善公共支撑体系。[2] 在发展方向和领域方面，《行动计划》按照“系统布局、重点突破、协同创新、开放有序”的原则，在深入调研基础上研究提出四个方面的重点任务，共17个产品或领域。

为了确保各项发展任务的确切落实，《行动计划》给予了切实可行的一系列政策及保障措施。一是加强组织实施。政府加强政策引导，企业、行业组织等协同推进；加强部省合作，鼓励地方积极发展人工智能产业；建立人工智能产业相应统计体系。二

---

① 《国务院关于印发〈新一代人工智能发展规划〉的通知》，2017年7月20日，http：//www.gov.cn/zhengce/content/2017－07/20/content_5211996.htm。

② 《〈促进新一代人工智能产业发展三年行动计划（2018—2020年）〉的解读》，2017年12月25日，http：//www.miit.gov.cn/n1146295/n1652858/n1653018/c5979643/content.html。

是加大支持力度。充分发挥现有资金渠道的引导和支持作用，鼓励地方财政对相关领域加大投入力度，支持人工智能企业与金融机构加强对接合作。三是鼓励创新创业。加快建设人工智能领域的制造业创新中心和重点实验室，开展人工智能创新创业和解决方案大赛，鼓励建设人工智能企业创新交流平台。四是加快人才培养。吸引和培养人工智能高端人才和创新创业人才，支持一批领军人才和青年拔尖人才成长，支持加强人工智能相关学科专业建设，引导培养产业发展急需的技能型人才。五是优化发展环境。开展人工智能相关政策和法律法规研究，推动行业合理开放数据，鼓励开展双边、多边国际合作。①

总 结

经过上述对主要大国和地区的人工智能战略的综述和比较，我们可得到如下结论。

（一）关于人工智能的定位

1. 中美两国相互竞争国际领先地位

中美两国的人工智能技术目前为全球的第一梯队领跑者，呈

① 工业和信息化部：《促进新一代人工智能产业发展三年行动计划（2018—2020年）》，2017年12月13日，http://www.miit.gov.cn/n1146295/n1652858/n1652930/n3757016/c5960820/content.html。

现出强烈的竞合关系，在人工智能重点发展领域上较为相似，大力推动并实现人工智能的基础研究、产业应用和国际治理的全方位发展。美国是为当今世界第一强国，为了确保本国地位稳定，它强调在人工智能这一新兴重要领域必须维持全面领先地位。改革开放以来，中国经济、科技和军事实现了飞速发展，快速追赶发达国家，切实地提高了自身的国际地位。在人工智能技术方面，中国已实现了部分领域全球领先，在人工智能全球化的趋势中，保持部分乃至争取全面领先是中国确保未来国际话语权的关键。

2. 欧盟和日本持续侧重规制制定

欧盟和日本的实力地位在人工智能领域较为相似。两者人工智能技术虽与中美相比略显落后，但近年来也加快了发展的脚步。为了确保本国在未来人工智能领域的地位，两者在利用科研基础加快发展人工智能技术的同时，试图另辟蹊径率先开始尝试制定人工智能配套的国际规则和规范。欧盟和日本均采用了田忌赛马的博弈手段，试图扬长避短。在持续发展人工智能基础配套设施的同时，二者力图争夺在相对空白领域的话语权。欧盟尝试制定人工智能道德伦理的国际规则，而日本则对以人工智能为核心的自主杀伤武器的国际法律法规表示关注。

3. 俄罗斯着重布局军事领域

俄罗斯由于众多历史遗留问题及因素，在人工智能技术发展方面落后较多并已有与世界领先国家脱钩的趋势。然而，随着全球人工智能潮流兴起，俄罗斯意识到其短板所在，快速确立了发布全方位人工智能战略的日程，试图通过后发制人的人工智能战略以及领先的军用人工智能技术逆转颓势并占据主动权。根据已有的国家人工智能发展计划草案10点计划雏形，俄罗斯在未来的战略是加强基础性的人工智能研究，更多地将重心倾向于军事人工智能开发，如飞机、导弹、电子战、雷达和无人系统等方面。

（二）对中国的态度

1. 美国：对华“鹰派”势力占据主流地位

现阶段美国在人工智能上的对华政策主要由以特朗普政府以及参众议员为代表的鹰派所制定。“鹰派”的人工智能对华政策的力主部分或全面地与中国人工智能“脱钩”。首先，特朗普政府在关于人工智能的《行政令》中明确要求各政府部门维护国家机密。在加快人工智能发展的同时，以联邦政府为首的相关机构应在各个方面提高数据质量，加强保密手段并完善保密机制。[①] 其次，2019年2月21日，美国国务卿蓬佩奥在福

① White House, “Executive Order on Maintaining American Leadership in Artificial Intelligence”, February 11, 2019, https://www.whitehouse.gov/presidential-actions/executive-order-maintaining-american-leadership-artificial-intelligence.

斯财经网的采访中以强硬措辞向美国的盟友发出警告，切勿使用中国科技公司华为包括人工智能技术在内的相关产品。蓬佩奥在接受采访时表示，“欧洲和其他国家的国家需要了解使用华为电信设备的风险，如果他们这样做了，他们最终是不会使用该公司的设备以及系统”。[①] 再次，特朗普政府通过频繁取消人工智能领域的相关中方专家以及留学生的签证，来确保美国人工智能技术安全。

2. 欧盟：在制定国际规则上较为排华

欧盟在人工智能技术上落后于中国，然而却另辟蹊径地着力重点研究人工智能国际规则，此举措使欧盟在未来国际化人工智能上取得了先机。对于欧盟而言，中国领先的技术、投资、人才均在短时间内难以追赶，而把人工智能竞争放在国际规则和规范上，则是切实提高其在该领域国际话语权的有效手段。在人工智能国际规则和规范制定这一块新的“蛋糕”上，欧盟呈现出某种排斥中国的倾向。例如，OECD 讨论人工智能的规则制订问题，但中国因不是 OECD 成员而无法参加。国际电信联盟（ITU）2019 年 5 月在日内瓦举办的“AI for Good”全球峰会，主旨演讲嘉宾迄今无中方嘉宾出席。

① Limitone, J. , “Pompeo Slams Huawei: US Won’t Partner with Countries That Use Its Technology”, *Fox Business*, Feb. 21, 2019, https: //www. foxbusiness. com/technology/pompeo-slams-huawei-us-wont-partner-with-countries-that-use-its-technology.

3. 日本：积极搭建中日合作桥梁

由于日本加入人工智能领域的时间较晚、人口严重老龄化，其发展速度相对缓慢。但日本在人工智能技术方面的应用较为成熟，在医疗、汽车和安防等方面都有实际成果和明确的未来发展战略。虽然日本在人工智能相关产业具备相对强大的成长潜力，然而其发展成功与否较大程度上依赖中国制造能力的注入。因此，日本希望与中国在人工智能上进行合作，日本向中国提供其人工智能技术的应用经验，而中国在注入制造能力方面可以与日本合作，实现互利共赢。近期日本表示了与中国建立稳定合作关系的举措，例如，日本东京国际人工智能展览会作为其国内最大的、水平最高的人工智能平台，邀请阿里巴巴、华为、科大讯飞等中国人工智能企业，参加其在2020年4月举办的展会，共同探索两国之间人工智能的合作方向、合作可能、合作流程。

4. 俄罗斯：与中国建构人工智能合作蓝图

随着第二届“一带一路”国际合作高峰论坛在2019年4月27日落下帷幕，普京政府对华持支持态度已呈现得更加清晰。在本次高峰会议中，俄罗斯与中国共同发布了《关于进一步推进“一带一路”国家知识产权务实合作的联合声明》等涉及人工智能的声明。在第二届“一带一路”国际合作高峰论坛上，普京在高峰论坛指出，俄罗斯是中国“一带一路”守护全球化、捍卫自由贸易的坚定支持者，强调“一带一路”倡议与俄罗斯构建欧亚伙伴关系的努力相互呼应，有利于推动欧亚大陆实现和谐、可持续发展，“只有我们齐心协力，才能解决当前面临的诸多挑战”。[①] 结合普京在2019年1月15日发布的敦促形成俄罗斯人工智能战略的指令来看，俄罗斯可能已初步确定与中国人工智能制定合作蓝图。

5. 政策展望

我国人工智能的飞速发展有目共睹，逐渐在国际人工智能领域取得了部分领先。2017年发布的《新一代人工智能发展规划》和《促进新一代人工智能产业发展三年行动计划（2018—2020年)》两份官方文件是人工智能产业上升为国家战略的标志。中国人工智能按照国家的全面战略部署发展，近年来发展势头越发猛烈，自主研发了如RFID电子标签与智能卡、IoT芯片、5G人工智能移动通信、ORC文字及生物特征识别系统等国际尖端产品。然而，中国在人工智能发展方面所面临的问题也切实存在。《发展规划》中指出，中国人工智能整体发展水平与发达国家相比仍存在差距，缺少重大原创成果，在基础理论、核心算法以及关键设备、高端芯片、重大产品与系统、基础材料、元器件、软件与接口等方面差距较大；科研机构和企业尚未形成具有国际影响力的生态圈和产业链，缺乏系统的超前研发布局；人工智能尖端人才远远不能满足需求；适应人工智能发展的基础设施、政策

① http：//www. chinaru. info/News/zhongekuaixun/56902. shtml。

法规、标准体系亟待完善。[①] 中国应该采取更加开放的态度参与国际人工智能基础性研究，高度重视人工智能领域的技术滥用，推动人工智能的国际治理规则，为构建人类命运共同体积极承担责任。

（陈琪，清华大学战略与安全研究中心秘书长、教授；肖源睿，清华大学国际关系学院博士生。）

① 《国务院关于印发〈新一代人工智能发展规划〉的通知》，2017年7月20日，http：//www.gov.cn/zhengce/content/2017－07/20/content_5211996.htm。

五　人工智能与东亚合作：以“3 + X”模式实现共同繁荣*

在全球人工智能竞争的背景下，东亚国家的研发能力整体水平相对优势不足，产业发展面临更大的外部压力。东亚国家需要开展区域合作来应对外部压力，提升人工智能产业在世界上的竞争力。鉴于中国、日本、韩国同东盟国家的人工智能发展层次不同，东亚国家可以在人工智能战略和政策上相互学习，在智能制造、智慧城市、智能医疗、智能教育等领域开展合作。它们在战略规划、产业发展和技术融合方面有不同的偏好和发展阶段，这些差异给共同建设智能社会创造了空间。中国拥有巨大的人工智能应用市场、大量的人工智能企业和数据平台、充足的资金支持等优势；日本正试图通过将人工智能与先进的机器人制造、自动

* 本文受到中国博士后科学基金资助，资助编号：2020m680492。

化生产和医疗保健相结合，打造一个超级智能社会；韩国大力投资于人工智能人才的培养，结合其先进的数字基础设施技术，向信息智能社会转型；东盟国家则提出了“智慧城市网络”，以推动东南亚区域一体化的方式实现对东北亚国家实现“便道超车”。

目前，东亚在建构人工智能原则上尚未达成共识，相关讨论仍处于初级阶段。尽管中国、日本和新加坡已经公布了人工智能原则，东盟也发布了数据治理框架，但与欧盟在团结成员并制定人工智能规范的积极努力相比，“东亚人工智能原则”的制定进展缓慢。这使得东亚在制定国际规则和国际标准方面落后于欧洲。一方面，人工智能带来的区域发展挑战远非一个国家能够单独应对的。东亚国家有着通过合作提升人工智能产业的能力，推动相关产业的深度融合，促进区域数字经济的发展，及时控制人工智能带来的风险的切实需求。另一方面，人工智能治理原则是建立国际标准的第一步。如何发展人工智能产业，如何与其他产业融合，体现什么样的价值观，都与治理原则相关。这意味着在人工智能治理原则上拥有更强话语权的国家在制定国际标准和国际规则方面将拥有更多优势。

主要发现和政策建议

技术进步总是给人类历史带来巨大变化，推动着人类社会的不断发展。人工智能作为第四次工业革命的核心技术在推动东亚区域一体化上有着不可忽视的作用。东亚国家如何利用人工智能实现地区共同繁荣不仅是当下域内国家共同关心的一个新话题，也是中国周边外交的重要新内容。2018 年 11 月 5 日，李克强总理在出席第 14 届东亚峰会时发表演讲，提到“各国应抓住机遇，找准和发挥自身优势，推动传统产业加快改造升级，不断发展壮大新兴产业，实现经济发展新旧动能的接续转换。明年是中国—东盟数字经济合作年，中方愿与东盟加强在智慧城市、数字经济、人工智能、电子商务等领域合作，促进本地区创新合作取得新成果”。2020 年 8 月 21 日，国务委员兼外交部部长王毅在北京主持第九次中日韩外长会议时表示，中日韩应抓住机遇，加强大数据、人工智能、5G 等方面的合作。在东亚，中国在人工智能科技和产业发展上有较强的优势。作为区域合作的推动者和践行者，尽早就相关议题进行研究有利于中国在东亚人工智能合作中发挥主导性作用。

东北亚国家与东南亚国家在人工智能方面存在研究与发展差距。这并不意味着两个次区域之间会产生人工智能竞赛。相反，它可能促进两个次区域之间进行多层次的合作，使它们成为不可分割的经济共同体。李克强总理在 2018 年提出的“3 + X”合作模式将鼓励东亚国家在人工智能发展战略和政策上相互借鉴，共同推进数字基础设施和智慧城市合作，加强人工智能在东亚区域的治理。

在关注人工智能发展的同时，多国也对建立人工智能的国际规范和规则制定上表现出浓厚兴趣。虽然中国、日本和新加坡都颁布了各自的“人工智能治理原则”，东盟也颁布了《数字数据治理框架》，但是东亚地区在人工智能治理方面仍然缺乏全面共识。在人工智能的全球治理中缺乏东亚的声音。在东亚尚缺乏共识而且在规则制定上落后于欧盟和北美的情况下，中国有必要推动东亚国家开展对话，对“东亚人工智能原则”进行研究。本文提出“东亚人工智能原则”，希望能够为决策者制定相关政策提供支持。

人工智能给区域合作带来的挑战

拥有先发优势的国家会保持并扩大其人工智能实力，而后发国家将会越来越难以追赶。当前人工智能技术的核心要素是算法、计算能力和数据。拥有更先进的计算机技术和算法、大数据和市场、人才和教育资源的国家将获得更大的优势。技术优势与数字经济发展、军事装备研发、战略决策辅助相结合，将显著提升国家综合实力，影响区域发展平衡。技术的差距将进一步扩大国家的技术实力差距，首先采用新技术的经济体会产生更加强烈的使用新技术的意愿，这又进一步扩大了先发优势国家的软性实力。

同样的情况也发生在商业领域，大多数字公司的领导者认为，人工智能技术对他们今天的商业成功“非常重要”或“至关重要”，甚至在未来几年会重塑整个行业。[①] 数字企业不仅会广泛运用人工智能来提高生产效率，还会进一步投资技术应用来保持优势地位。同时，使用这些公司开发的产品的客户会对人工智能有更多的了解和信任。技术不是中性的，它会给国家带来更大的权势。国家间可能会发生技术竞赛，并进一步点燃人工智能民族主义或人工智能重商主义，甚至演变为一个新的对抗性竞争场域。这也给中国外交提出了一个重要课题，就是在推动东亚合作的背景下如何防止人工智能成为地缘政治竞争的工具。

人工智能技术的广泛应用将造成东亚的财富分配更加不均衡。从全球来看，东亚地区可能是人工智能技术的最大受益者。因为它拥有庞大的人口和海量数据，不断增长的数字经济需求以及强大的研发支撑能力。中国、日本、韩国在技术、资金、研发等方面具有很强的竞争力，也都已经发布了国家层面的战略规划。东盟国家则处于落后地位。一份报告称，四类国家将在不同程度上受益于人工智能带来的净增长。第一类是中国和美国，被称为活跃的全球领导人。第二类是具有较强实力的经济体，如韩

① “Future in the Balance? How Countries are Pursuing an AI Advantage,” *Deloitte*, 2018.

国和日本。第三类是新加坡和马来西亚等基础较为稳健的经济体。第四类则是需要加强基础的经济体。报告模拟了采用人工智能后，这些国家的经济增长情况。根据报告的测算，第一类国家会在2023年比第四类国家多获得11%的经济增长。到了2030年，第四类国家和第一类国家之间的经济效益差距将达到23%。[①]中国属于第一类国家，日本和韩国属于第二类国家。通过人工智能赋能经济增长，他们将在东亚区域内表现出更加强劲的经济增长动力，进一步拉大与东南亚国家的整体经济实力的差距。此外，由于吸收率不同，在东亚国家中人工智能的经济赋能效果也各不相同。由于国家政策、法律制度、商业环境和社会认可的不同，一些国家可能会比其他国家表现得更好。

人工智能将彻底改变原有的产业结构和生产方式，给东亚国家的社会发展带来深远影响。根据美国国家科学技术委员会的数据，现有工作岗位的9%—47%会在未来10—20年间被替代，平均每三个月就有大约6%的工作岗位消失。[②] 从工业革命的经验来看，以人工智能为代表的高新技术驱动的自动化将显著提高生产效率，降低劳动力在生产中的作用。资本将以全新的方式取代对

① "Artificial Intelligence and Southeast Asia's Future", McKinsey global institute, 2017.

② "Executive Office of the President of the United States, Artificial Intelligence, Automation and Economy," National Council of Science and Technology of United States, December 2016, p. 2.

劳动力的需求。周期性的失业浪潮有可能出现，造成政治不稳定或冲击全球经济发展。另外，劳动力成本的下降和高新技术回报率的上升将使财富两极分化。在增长不平衡或不充分的国家，财富将转移到受过更好教育的群体之中，尤其是互联网公司将吸引大量资本。这最终会使东亚国家的社会财富分配更加不平等。

人工智能的研究和应用需要政府的战略规划和政策支持。中、日、韩三国在人工智能方面的战略规划和政策制定等方面都比东南亚国家表现得更好。自2016年美国公布了全球第一个人工智能战略计划以来，世界上许多国家都加紧制订自己的人工智能战略计划，希望在该领域获得领导优势。2017年7月，中华人民共和国国务院发布《新一代人工智能发展规划》，明确提出了新一代人工智能发展的“三步走”战略目标。到2030年，中国人工智能理论、技术和应用将达到世界领先水平，成为世界主要人工智能创新中心。2017年3月31日，日本发布了《人工智能技术战略》，规划了三个阶段的工业化路线图，希望利用人工智能提高制造、交通、医疗等领域的效率。2019年6月11日，日本又发布了《2019年人工智能战略》，提出了日本在人工智能领域的四大战略目标，即培养人才、增强产业竞争力、完善技术体系、开展国际合作。2018年5月，在韩国第四届工业革命委员会第六次会议上，该委员会审议并通过了一项人工智能研发战略，称将确保在人才、技术和基础设施方面的领导地位。韩国政府尤其追求在人才培养和教育方面的优势，计划在2022年之前开设6所新的人工智能研究生院。同时，韩国政府计划培养350名高级研究人员，并设定了拥有1370名高级人工智能人才的目标。

东北亚国家的优势来自其相对发达的经济、技术优势、信息通信基础设施甚至研究能力。如果以数据量①、专利申请数②、企业数量和融资规模③、论文发表数量与影响力④、人才培养以及流向⑤来衡量人工智能发展实力，美国和中国在当前人工智能产业竞争中占据绝对领先优势，其他大多数东亚国家则在很多指标上大幅落后于中国。除新加坡外，东南亚国家与中国、日本、韩国

① Daniel Castro, Michael McLaughlin, Eline Chivot, "Who Is Winning the AI Race: China, the EU or the United States?", *Center for Data Innovation*, August 2019. 中国的数据量超过美国和欧洲。

② "Who Is Patenting AI Technology?", IPlytics GmbH, April 2019. 多数人工智能专利由美国申请，其次是中国、欧盟、日本、德国、英国、西班牙、瑞典、瑞士和澳大利亚。

③ 《全球人工智能发展报告（2018）》，乌镇智库，2019年4月，http://www.199it.com/archives/869189.html。截至2018年，全球人工智能企业共计15916家，其中美国4567家，中国3341家，英国868家。全球人工智能企业共计融资784.8亿美元，其中美国373.6亿美元，中国276.3亿美元，英国35.6亿美元。美国、中国和英国分列世界前三。

④ 《中国人工智能发展报告2018》，清华大学中国科技政策研究中心，2018年7月13日。

⑤ Yoan Mantha, Grace Kiser and Yoan Mantha, "Global AI Talent Report 2019", jfgagne, https://jfgagne.ai/talent-2019/. 在该报告统计的人工智能作者样本中，超过44%的人在美国获得博士学位。在中国获得博士学位的作者约占11%，其次是英国（6%）、德国（5%）、加拿大（4%）、法国（4%）和日本（4%）。人工智能的人才流动性很高，大约1/3的人工智能博士都不会在培养国工作。在这方面，中美都是人才净流入国。还有很多研究同样指出中美两国在人才上占据极强的优势。

的差距较大。新加坡是该地区少数几个设立了人工智能伦理咨询委员会的国家之一，并发布了《人工智能伦理与数据原则保护》。东南亚国家在发展和使用人工智能方面需要更多的国家级别的战略规划和长期政策。大多数东盟国家在与数字化紧密相关的领域应用人工智能，例如高科技和电信、金融服务、媒体和娱乐。在印度尼西亚、菲律宾和柬埔寨，有许多结合当地“智慧城市”的人工智能项目。但这些举措显然不是为了发展人工智能，而是为了实现完成建设“东盟智慧城市网络”的战略目标。

以“3+X”模式推动区域数字合作中的人工智能合作

数字合作指的是“通过合作的方式来解决数字技术对社会、道德、法律和经济方面的影响，从而使社会利益最大化，危害最小化”。[①] 它在东亚合作中并不是新鲜事物。2001 年，在日本举行的“东亚信息通信技术合作大会”就呼吁解决“数字鸿沟”问题。2002 年东亚展望小组的建议也强调了在“10+3”框架内通过促进信息通信技术合作和应对“数字鸿沟”挑战实现平衡发展的重要性。今天，“数字鸿沟”与“数字红利”并存。随着科技

① The age of digital interdependence, Report of the UN Secretary-General's High-level Panel on Digital Cooperation, 2019 June.

的快速发展，东亚数字合作面临着比二十年前更大的挑战和更大的收益。人工智能可以对区域数字合作产生双重影响。一方面，人工智能为金融、交通、医疗等领域的发展和生活水平的提高提供了机遇。另一方面，人工智能也有可能对经济造成重大伤害，并对地区稳定构成威胁。人工智能在金融领域的失误会给经济造成严重的损失，应用人工智能和自动化技术会导致劳动力的转移。人工智能还可能造成地区力量平衡的转移。因此，人工智能领域的数字合作对于帮助东亚国家进行数字转型，以及支持安全、包容的区域数字合作至关重要。

2019 年 5 月，李克强总理提出实施东亚合作“3 + X”的模式，即中国、日本、韩国和一个未知国家的合作模式可以成为应对挑战的务实机制，并推动“东亚经济共同体”的建构。在“3 + X”模式中，人工智能应被视为东北亚三国与东盟合作的新领域“X”。东亚合作已形成 3 条“10 + 1”合作渠道。东盟处于中心地位。中国、日本和韩国具有强大综合实力的国家起着引擎的作用。人工智能的区域合作可以遵循“10 + 3”的既有合作模式。例如，首届“中国—东盟人工智能峰会”已经于 2019 年 9 月举行。日本和韩国可以与东盟建立同样的合作机制。东北亚三国政府已经制定了国家层面的人工智能产业发展规划，通过政策制定者、学者和行业利益相关者之间的合作共同推动各自的智能产业发展。它们已经在战略和政策制定、资本和市场、数据收集和算法方面拥有成功的经验和优势。中国、日本、韩国可以根据现有的3个“10+1”合作框架与东盟分享经验。

将人工智能纳入当前东亚电信与信息技术合作机制之中，形成数字经济一体化和区域互联互通合作。虽然目前人工智能的快速发展得益于数据收集、算法和计算机处理能力的进步，使得科学家和工程师能够让人工智能完成困难的任务。在当前的“10+3”框架下，域内国家做出了多项努力，旨在促进技术创新、建设数字互联互通、促进电子商务。例如，《东盟信息通信技术2020年总体规划》强调了信息通信技术在支持区域互联互通和发展方面的作用。《东盟经济共同体蓝图2025》也将电子商务作为加强互联互通和行业合作的主要支柱。《东盟经济共同体蓝图2025》还指出了加快国际生产、贸易和投资实践中技术进步的重要性，并呼吁促进中小企业在互联网上的作用。同时，东盟与中、日、韩三国分别达成《信息通信技术工作计划》，进一步深化合作，加强信息通信技术政策对接。

区域数字合作中另一个重要的人工智能应用是东北亚三国与东盟合作推动“智慧城市网络”建设。2018年11月，东盟将“东盟智慧城市网络计划”纳入东盟一体化规划之中。智慧城市将数据和数字技术整合到基础设施和公共服务中——这些工作都着眼于解决特定的公共问题，使城市环境更宜居、可持续和富有成效。例如菲律宾的达沃市希望使用智能监控来保护公共安全。

建设智能城市并不便宜，也不容易，尤其是在人工智能应用方面需要大量投资。中国在这方面具有一定经验，可以同东盟国家开展合作。例如，新加坡和中国广西壮族自治区已经开始在智慧城市建设方面展开合作。日本提出了“智能社会5.0”将人工智能和机器人融入每个行业和社会生活之中。韩国也希望利用其先进的信息通信技术，通过人工智能来实现建设智能信息社会的目标。东盟与中日韩合作建设智慧城市不仅是可能的，也是有着广阔的前景。

巩固东亚合作中的“3”也是至关重要的，即中、日、韩次区域合作。中国已经有了注重技术应用和市场开发的顶层设计以及相关的政策经验。日本正在布局利用机器人解决人口老龄化问题，刺激经济增长。韩国注重技术发展和人才培养。中国、日本和韩国的人工智能发展战略重点不同，相互学习、相互合作的空间很大。在加强青年交流、大学合作、科研人员联合研究等方面，中、日、韩三国可以加强与东盟国家的合作，形成“10+3”的次区域合作框架。通过区域合作，东盟国家可以提高其人工智能研发能力，并在未来拥有更多的人才储备。

中、日、韩三国可以在推动国际机制和国际倡议方面进行协调。2019年的“G20人工智能原则”直接使用了经济合作与发展组织（OECD）的人工智能治理原则。中国和印度尼西亚不是OECD的成员，但却是关键合作伙伴。在OECD的人工智能治理原则制定过程中两国并没有足够的议程影响力和话语权。虽然G20的人工智能原则得到了中国、日本和韩国的签字认可，但其形成过程缺乏中国和印度尼西亚的声音。在东亚建构本区域的人工智能原则时，日本、韩国与中国、印度尼西亚等东亚与南亚国家在此类国际活动中可以进行协调。通过国际组织形成新的标准和规范，可以缓解国家之间的地缘竞争，有效推动区域一体化进程。

数字安全和人工智能原则合作

从中国到新加坡、日本或韩国，亚洲各国政府都希望在人工智能发展上扮演领导角色。OECD和欧盟等国际组织积极参与制定国际标准、法规、法律、伦理和原则。然而，亚洲在制定人工智能国际规范方面的声音与其地位并不相称。虽然全球人工智能领导权竞争激烈，但是这项技术不应该被视为零和游戏。

前面已经讨论过，人工智能在自动化制造、电子信息技术、金融等领域的应用将会拉大国家之间的经济差距，导致区域经济发展更加不平衡。而有先发优势的国家将获得强大的经济优势，使后来者难以赶上。东北亚国家在人工智能领域处于领先地位的现实并不一定导致人工智能竞赛，这或许是区域国家加强合作、实现共同繁荣、积极参与全球人工智能治理的契机。因此，“3＋

X”模式的战略构想不是进一步扩大发展差距，而是通过合作加强东北亚和东南亚两个次区域的一体化，形成不可分割的“东亚经济共同体”。由此来看，东亚国家有两个议程需要推动——维护数据安全和建构人工智能原则。

目前，主要使用人工智能技术的是数字产业以及相关的行业。这些大型数字技术企业和行业更有可能在未来继续使用人工智能。从生产到企业管理再到产品销售，人工智能已经深度融入这些大企业的产业链中。它们主要包括高科技和电信技术、汽车和装配、金融服务等。其他行业与人工智能整合速度相对缓慢的一个原因是数据安全悖论。人工智能的发展依赖于数据，有时这些数据涉及个人隐私，比如医疗保健。人工智能训练的初期需要利用这些私人数据来学习，但这个过程也存在数据泄露和误用的风险。人工智能能够发展得益于数据自由流动和高质量数据的获取。如何保证数据安全成为这些产业面临的新的安全问题。

很多国际组织在数据治理和数据保护方面都已经有所行动，如 OECD 的《个人数据隐私保护和跨境流动指南》、APEC 的《隐私框架》、欧盟的《一般数据保护条例》等。东亚国家也在建立新的数据保护和数据使用规范。东盟意识到在推进数字经济过程中保护个人数据安全的必要性，于 2018 年启动了“东盟数据治理框架”，旨在加强数据生态系统，实现数据治理，促进数字经济。它也得到了中、日、韩三国的认可，认为可以作为东亚在

“10+3”框架下进一步研究东亚数字治理的一个范例，保证人工智能所需的高质量数据。2017年达成的《关于RCEP谈判的联合领导人声明》，促进了成员在全球电子商务和生态系统的合作。电子商务对数据安全和数据的自由流动有着很强的依赖性，也是目前人工智能应用的一个显著领域。

在2019年1月的博鳌论坛上，新加坡公布了人工智能监管框架，即“人工智能治理模型框架”。它强调人工智能应该是可解释性的、透明的、公平的、以人为本的。达成一套严格的人工智能监管规则可能是困难的，但通过非强制性的引导模式对人工智能进行监管或许是可取的。这样不仅可以保障人工智能的安全发展，还可以通过监督的过程寻找可能的治理原则。日本在2016年的“G7信息与交流会议”上提出了“人工智能研发原则”。随后，日本又发布了《人工智能利用原则草案》和《以人为中心的人工智能的社会原则》。2019年7月，中国公布了“新一代人工智能治理原则——发展负责任的人工智能”。中国将传统文化“和谐”作为第一原则，建立人工智能发展与治理的和谐关系。值得注意的是，中国强调发展负责任的人工智能并不意味着在出现不利情况时完全否定人工智能，而是及时调整政策，促进人工智能的协调发展。

从区域合作层面来看，域内国家已经在人工智能治理上有所行动，接下来有必要通过“10+3”渠道开展对话和联合研究，制定“东亚人工智能原则”的内容。正如全球气候变化和核扩散对全人类构成潜在重大安全风险一样，人工智能带来的全球安全和发展的挑战也需要各方共同努力。

因此，本文建议“东亚人工智能原则”可以包括以下内容。

其一，东亚国家参与全球人工智能治理，应体现治理原则的普遍性和公共性。（1）人工智能的使用应该以人为中心，实现人类的福祉，而不是取代人类；（2）在开发安全可控的人工智能的同时，要保证数据安全和个人隐私；（3）保证企业间公平竞争，防止不正当竞争和恶性竞争，保障公民利益不受社会和算法偏见的影响。

其二，由于东亚国家主要是发展中国家，因此建议：（1）在保证人工智能安全与控制的前提下，应用人工智能的主要目的是实现区域的共同发展；（2）在共享、包容、和平、友好的原则基础上，建立东亚国家间的协调与合作，构建人与人工智能和谐共生的生态系统；（3）人工智能造成的社会问题，开发者和用户都有责任，需要建立东亚地区非约束性问责机制；（4）在现有“10+3”数字合作框架下，确保人工智能创新有序发展，及时发现和解决人工智能带来的风险和问题。

（朱荣生，清华大学战略与安全研究中心博士后；陈琪，清华大学战略与安全研究中心秘书长，教授。）

Ⅱ 人工智能与国际安全

六　人工智能与国际安全治理路径探讨

近年来，人工智能技术的快速发展带来了巨大机遇，但是技术革命也往往伴随不可预知的安全挑战，我们尤其需要关注人工智能技术武器化的道德和技术风险问题。许多国家的专家和学者呼吁禁止发展可以自主识别并击杀人类目标的智能武器，更不应该容许它们执掌人类生死。然而，全面禁止人工智能武器很难达成全球共识，即便能开启相关讨论和谈判也将旷日持久。

从目前的趋势看，人工智能武器化是不可避免的。更可行的做法可能是要求人工智能赋能武器的发展符合现有国际法规范。为此，各国需要就如何进行风险防范寻求共识，共同努力构建治理机制。在与美方进行二轨讨论时，我们的焦点在于如何设定人工智能赋能武器的攻击“禁区”，如何依据国际法律和规范开展对人工智能武器的监管，以及如何鼓励采取克制态度以限制对人工智能数据的军事化滥用。

人工智能的军事安全挑战

人工智能赋能武器系统存在诸多潜在挑战。一是人工智能内在的技术缺陷使得攻击者难以限制打击的损害范围，容易使得被打击方承受过大的连带伤害，从而导致冲突升级。人工智能赋能武器不仅应该在实施打击时区分军事目标和民用目标，还需要防止和避免对民用目标造成过分的附带或间接损害。然而，现有人工智能技术条件在能否保证武力使用过程中完全满足上述条件方面，是存在不确定性的。

二是当前以机器学习带动的人工智能技术发展需要大量数据，不能完全避免基于大数据训练的算法和训练数据集将偏见带入真实应用系统。因此，不能排除人工智能给决策者提供错误建议的可能性。进而，当训练数据集受到其他国家的污染，致使系统提供错误侦查信息时，也有可能让军事决策者做出错误判断和相应的军事部署。

三是人机协同的挑战是人工智能军事化的终极难题。机器学习和大数据处理机制存在局限。无论是行为主义的强化学习、联结主义的深度学习，还是符号主义的专家系统都不能如实准确地反映人类的认知能力，比如直觉、情感、责任、价值等。人工智能的军事运用是人—机—环境的综合协同过程，而机器在可解释性、学习性、常识性等方面的不足，将放大发生战场冲突的风险，甚至刺激国际危机的螺旋上升。

人工智能安全治理路径探讨

笔者认为，各国需要采取军事克制态度，避免人工智能武器化给人类带来重大损害。各国应该禁止没有责任和风险意识的辅助决策系统。在使用人工智能赋能的武器时，需要限制其打击的损害范围，防止造成连带伤害，避免冲突升级。此外，军事克制的内容还应该反映在公共教育当中。由于人工智能技术具有易于扩散的特点，它有可能流入某些黑客手里，进而将人工智能技术用于有害公共安全的行为中。

人工智能赋能武器的使用如何与国际法的基本原则保持一致，是安全治理研究中的重点所在。《联合国宪章》规定，除非得到联合国安理会的授权，否则成员不得使用武力，或者是出于自卫的目的才能使用武力。因此，国家出于自卫目的而使用武力时，所使用武力的强度和规模须与受到的攻击或者受到的威胁的严重性相称。在讨论中，中方专家特别提出，各国须承担法律责任，主动推动和实现在涉及人工智能的军事行动中国际规范的建构。同时需要确定人类参与的阈值，以保证智能武力的使用不会造成过度伤害。因为人工智能赋能的武器平台很难评判什么是必要的、合适的、平衡的攻击，所以人类指挥官的主观能动性应当得到尊重。

此外，人工智能数据的安全必须得到保证。应该对数据挖掘和采集的过程、数据标注和分类、数据使用和监管进行规范和限制。智能武器训练数据的收集过程和手段应当遵守国际法律，收集的数据数量应达到一定规模。需要确保数据标注和分类的质量和准确性，避免形成错误模型和导致决策者做出错误判断。在数据使用过程中，需要关注使用目标和数据的污染问题。有中方学者建议给智能武器的自主化程度分级。例如，分为半自主化、部分自主化、有条件自主化、高度自主化和完全自主化五级。对自主化程度进行分级，有利于更好地确认和保障人类的作用，从而切实有效地实现对人工智能及自主武器系统的管理和控制。

中美人工智能全球治理合作

现阶段是构建人工智能国际安全规范的关键窗口期。目前中美两国是在人工智能技术研究和应用发展最快的国家，两国需要在这个领域加强协调与合作。其他国家也表示出对人工智能应用的安全担忧，说明人工智能治理是人类共同的难题，不是一国两国能够解决的。中美开展对话与合作至关重要，将能够为全球人工智能治理合作贡献智慧。因此，中美两国应就推动构建国际层面的规范和制度进行正式讨论，在各自利益关切的基础上探索合作领域，互换和翻译相关文件，以政策沟通和学术交流的方式降低两国在这一领域影响双边关系和国际安全的潜在风险。

近年来，中国积极释放合作信号。2020 年 11 月 21 日，习近平主席在二十国集团（G20）领导人第十五次峰会上强调，中方支持围绕人工智能加强对话，倡议适时召开专题会议，推动落实 G20 人工智能原则，引领全球人工智能健康发展。2020 年 9 月 8 日，国务委员兼外长王毅提出《全球数据安全倡议》，包括有效应对数据安全风险应遵循的三项原则，表示希望国际社会在普遍参与的基础上就人工智能安全问题达成国际协议，支持并通过双边或多边协议形式确认倡议中的有关承诺。中国在发展人工智能技术的同时，也高度重视和积极推进相关国内治理建设。2018 年中国发布的《人工智能标准化白皮书》列出了四条伦理原则，包括人类利益原则、责任原则、透明度原则、权责一致原则。

中国已经准备好与美国和其他国家地区在人工智能治理方面开展合作。我们相信，人工智能不应成为一场“零和游戏”，技术突破最终应使得全人类受益。

（傅莹，清华大学兼职教授、国际关系研究院荣誉院长、战略与安全研究中心主任，中国外交部原副部长。）

七　不确定性：为何担心人工智能冲击国际安全？

科学家普遍认为，当前人工智能处于“弱人工智能”阶段，只能完成某一项特定的任务或解决某一特定问题。但也有一些专家断言，人工智能军事化就如同核武器一般，将给国际战略带来范式性的冲击。然而，这场革命何时才能向世人呈现其全貌目前尚不可知。我们已经看到，一些人工智能企业迫于社会伦理的压力而放弃价值不菲的政府军事采购订单。但纵使智能系统被成功开发，国家也要花费数月甚至数年的时间来审批其使用。① 就武器产生的变革效应和方式而言，核武器与人工智能在性质上颇为不同。核武器在诞生之初就展示出了惊人的破坏力，进而对国际安全产生了深远的心理和物理影响。人工智能是赋能技术，必须

---

① “National Security Commission on Artificial Intelligence Interim Report”，Nov. 11th，2019，https：//drive. google. com/file/d/153OrxnuGEjsUvlxWsFYauslwNeCEkvUb/view.

与其他武器技术结合才有可能引发战场革命。而一些比较悲观的专家则进一步预言，现有理论研究不足将限制人工智能的发展，人工智能在未来可能会陷入“寒冬”。既然人工智能带来的革命性影响是一个未知数，为何国际社会开始急于寻找关于人工智能的国际安全治理的答案呢？

我们在近期众多的国内会议和国际会议中发现，包括政策制定者、科学家、工程师、政治学者等在内的很多人都对人工智能带来的国际安全冲击抱有显著的焦虑和不安。这些焦虑和不安并非来自人类对长期风险的警惕，而是因为人工智能技术以及其应用中产生的各种不确定性可能正在对国际安全形成巨大冲击，以及人们对这些不确定性的认知动态变化。本文主要探讨人工智能给国际安全带来的挑战，核心观点是：人工智能技术给国际安全带来冲击的同时也潜藏着成为稳定性因素的可能性。置于我们眼前的应该是慎重而明智的抉择，而不是不确定性带来的恐惧和绝望。人工智能最终是将化身为“终结者”给人类带来灭顶之灾，还是推动人类文明发展的“蒸汽机”，取决于人类如何认识和利用它。

人工智能冲击国际安全

人工智能是越来越重要的快速发展的基础技术。它可以通过赋能众多产业，提高国家经济竞争力，并且引发新一轮的产业革命。[①] 历史上的工业革命不仅改变了国家之间的权势争夺，还伴随权力转移以及接踵而来的大国兴衰。率先成功开发出新技术并在市场获得成功的国家将获得巨大的经济收益。根据麦肯锡的预测，考虑到转型成本和竞争效应，到2030年人工智能带来的经济增长将高达约13万亿美元，并使全球GDP每年上升约1.2%。这种经济冲击堪比19世纪的蒸汽动力、20世纪的工业制造和21世纪的信息技术对世界经济的影响。[②] 然而，这种数字经济增长并非公平分享。具有技术、资金、数据、人才等要素优势的发达经济体更可能收获更大的经济效益。广泛使用可信赖的人工智能产品将营造出更包容的环境，提高社会对新技术应用的容纳程度。数字基础设施不足、资本和技术基础薄弱以及基础更差的经济体则愈加难以追赶有先发优势的国家。数字鸿沟不可避免地越拉越大。

在人工智能竞赛中，有赢家，也有输家。没能成功开发人工智能技术并抢占市场的国家可能遭受经济损失。同样，在军事应用方面投资和开发不足的国家将面临更大的安全威胁，其地缘影

① 关于人工智能及其他数字技术赋能经济带来的发展差距，可参考“The Age of Digital Interdependence”，Report of the UN Secretary-General's High-level Panel on Digital Cooperation，June 2019；“Digital economics How AI and Robotics are Changing Our Work and Our Lives”，Deutsche Bank Research，May 14th，2018。

② “Notes from The AI Frontier Modeling The Impact of AI on The World Economy”，McKinsey Global Institute，Sep. 2018.

响力将被削弱。[①] 2016年以来，多国纷纷公布人工智能发展战略，将自己定位为人工智能领导者或者表达出扮演关键角色的强烈意愿。以此观之，技术竞争绝非中性的。随着通信技术不断发展，有先发优势的国家想要确保在全球数字转型中获取更大的权势，或者防止自己屈居人下。围绕着科技制高点的争夺将不可避免地引发一场“大国政治的悲剧”，因为严格意义上，现有大国之间并没有因人工智能等科技爆发直接冲突。[②]

中美之间的贸易摩擦和科技领导权之争印证了一论断。政策制定者很可能会高估技术突破带来的权势，低估国家间合作稳定国际安全的可能。按照现实主义的逻辑，大国怯于在这场影响国运的竞争中放松神经，它们既不确定自己会否成为赢家，也难以猜想在新的技术秩序变革中自身地位出现何种地位。于是，中美之间的大国竞争油然而起，“世界上最大的两个经济体（中国和美国）各自拥有自己的主导货币、贸易和金融规则、自己的互联网和人工智能能力”。[③]

令人担忧的不只是国际秩序向对抗性演进。科技的不断发

---

① Daniel Castro, Michael McLaughlin, Eline Chivot, “Who Is Winning the AI Race: China, the EU or the United States?”, Center for Data Innovation, August 2019.

② John Mearsheimer, *The Tragedy of Great Power Politics*, W. W. Norton & Company, 2001.

③ António Guterres, “Address to the 74th Session of the UN General Assembly”, United Nations Secretary General Speech, 24th September, 2019, https://www.un.org/sg/en/content/sg/speeches/2019-09-24/address-74th-general-assembly.

展正在侵蚀战略威慑的基础，动摇大国间的战略稳定及其预期。拥核国家必然部署强大的第二次打击能力，确保对手不敢冒着同样被摧毁的风险而发动第一次打击。因此，确保报复可信度成了大国核战略博弈的重要基础。[①] 可是，人工智能技术并不需要完全破坏大国战略博弈的基础，只需削弱核打击报复可信度就足够了。

人工智能已经具备了帮助人类从大量信息中筛选出导弹发射平台的能力。[②] 强大的侦察力让中国和俄罗斯越来越担忧美国发展跟踪和锁定移动导弹发射器技术发展成熟后会威胁到它们的报复能力。[③] 如果无人武器设备的隐蔽性和突破性足够强大，国家就有风险更低、打击效能更高的攻击选择。[④] 这使得进攻方有更大的战略优势。虽然这种战术不能保证自己能够免遭第二次打击，但这种可能性本身就已经十分可怕。面对核威慑，决策者不得不在极其有限的时间内做出决策，因而要承受远大于

---

① Keir A. Lieber and Daryl G. Press, "The New Era of Counterforce: Technological Change and the Future of Nuclear Deterrence", *International Security*, Vol. 41, No. 4, 2017, p. 9.

② Richard A. Marcum, et al., "Rapid Broad Area Search and Detection of Chinese Surface-to-air Missile Sites Using Deep Convolutional Neural Networks", *Journal of Applied Remote Sensing*, Vol. 11, No. 4, Nov. 13th, 2017.

③ ［美］吉斯特·爱德华、安德鲁·洛恩：《人工智能对核战争风险意味几何?》，兰德公司，2018 年。

④ Michael Mayer, "The New Killer Drones: Understanding the Strategic Implications of Next-Generation Unmanned Combat Aerial Vehicles", *International Affairs*, Vol. 91, No. 4, July 2015, pp. 765 – 780.

发动第一次打击的压力。或者，国家发展更加危险的武器来平衡威慑不足。由此引发的军备竞赛迫使国家部署不安全的人工智能系统，并进一步加大战略不稳定。对于防守方来说还有另一种选择，那就是攻击敌方的探查器件，生成对抗性网络或者采取战略欺骗的方式来防止对方打击自己的报复力量。这些努力将在一定程度上确保己方核报复设施的隐蔽性和安全性。但是，这种安全困境的加剧反而可能导致意外升级和加大战略部署判断的复杂性和误判。[①] 最终，国家不得不面对要么提前发动进攻、要么输掉战争的两难选择。

除了冲击战略稳定，人工智能还会改变国家间均势，加剧大国间冲突。算法战时代是以收集数据和训练算法实现军事实力中“质”的提升。[②] 这种“质”的飞跃在战场上将起到明显的效果。有技术优势的国家将在战场上部署更加先进的武器装备或者建立新的作战概念。技术落后的国家则因缺少应对策略而陷入相对劣势。按照现实主义的安全模式，大国可能寻求相对优势或者恐惧他国的军事优势威胁自己的安全，或者在其他地方寻找抵消对手优势的方法。这不仅激发新一轮的军备竞赛，还会加大国家间的

---

① Jurgen Altmann and Frank Sauer, “Autonomous Weapons and Strategic Stability”, *Survival*, Vol. 59, No. 5, 2017, pp. 121 – 127; Vincent Boulanin, “The Impact of Artificial Intelligence on Strategic Stability and Nuclear Risk”, Vol. Ⅰ; “Euro-Atlantic Perspectives”, Stockholm International Peace Research Institute, 2019.

② James Johnson, “Artificial Intelligence & Future Warfare: Implications for International Security”, *Defense & Security Analysis*, Vol. 35, No. 2, 2019, p. 157.

战略互疑，引发预期之外的国际冲突。在军备竞赛的螺线轨迹上，自主武器越先进，战争发生的速度越快，可以超出人类的反应，或者国家争相部署不安全的人工智能武器，都将给决策者带来巨大的心理压力，扭曲人类对战略应对的理性判断。

此外，自主武器扩散将降低战争门槛，加大国家间战争风险。军事行动往往伴随着人员伤亡的高风险。国家领导人要顾及民众对战争伤亡的敏感性而不敢轻易对外采取军事行动。但是，自主武器减少伤亡率预期的特点会改变战略决策过程。决策者能够说服民众只需要较小的代价就能获得更高的战争回报。大国会进一步摆脱使用武力的国内限制，更有利于它们对外投射自己的军事影响力。不过，自主武器扩散的最大受益人或许并不是大国而是技术基础较好的中等国家。它们可以借此弥补资源和人口上的劣势，从而改变国际常规武力的分配，提高自己在国际体系的地位。在致命性自主杀伤武器缺乏有效国际规范的当今，大国和这些中等国家的均势变动将给国际安全体系带来怎样的冲击令人担忧。加之人工智能技术本身的脆弱性，更加大了突发事件发生的可能性。

探索维护国际安全治理

对技术发展抱有极强信心的观察家对人类事务却可能是极度

悲观的。他们将这项技术视作“启蒙的终结”、[①] 第三次世界大战的导火线、[②] 人类的中介，[③] 等等。持相反态度的观察家则对人类避免灾难的能力更加乐观。从目前来看，人工智能是一项不断发展的赋能技术，很难找到一个完美的定义。它带来的变革效应正在全球显现，完全禁止已然不可能，任由其肆意发展也与国际关切和人类共同命运不符。那么，如何对其进行国际治理呢？对政策制定者来说，所需要关注的并非只是技术在国际安全上引发的众多不确定性，还有他们自己对这项技术的认识不断丰富，进而改变了对当下以及未来的治理选择。摆在我们面前的并不是一个注定的悲剧，而是一个承担人类发展重任的抉择。

在联合国框架下，有多个机制都对限制自主武器发展进行了国际探讨。其中，联合国《特定常规武器公约》谈判机制自2014 年起，已经召开了三次非正式专家会议和三次正式政府专家组会议。尽管在国际机制和国际规范的建立上取得了一定的突破，但是参与讨论的各方对于致命性自主武器的可行定义分歧严重，均认为其指涉对象十分模糊。从现在来看，不论各方

---

① Henry Kissinger, “How the Enlightenment Ends”, *The Atlantic*, June 2018, https://www.theatlantic.com/magazine/archive/2018/06/henry-kissinger-ai-could-mean-the-end-of-human-history/559124/.

② 《埃隆·马斯克谈人工智能：人类可能在召唤恶魔》，2017 年 10 月 30 日，http://tech.ifeng.com/a/20171030/44736042_0.shtml。

③ 《霍金再抛人工智能威胁论：或招致人类灭亡》，2017 年 4 月 8 日，http://www.xinhuanet.com/tech/2017-04/28/c_1120889914.htm。

讨论的是怎样的定义，都在一定程度上与既有使用武器的规则存在矛盾。根据瑞典斯德哥尔摩和平研究所对154种武器系统的统计分析发现，只有49种武器可以在人类监管但不介入的情况下进行交战。它们主要用于对己方设施进行防御，比如保护军舰或基地、应对来袭导弹等。① 致命性自主武器带来的战略红利牵动着各国的安全利益，给后续军控行动增加了困难和挑战。

尽管如此，这并不意味着我们无计可施或者注定陷入无尽的无谓争论之中。在前述2014年的第一次非正式专家会议中，各方分歧明显。有的国家代表认为，致命性自主武器易于扩散且极其危险，终将给人类带来巨大威胁，需要全面禁止开发和使用。与之相反的观点则认为，应该发展致命性自主武器，因为它未来将足够“聪明”，能够理解人类战争中的道德规范，甚至可为人类提供一种更加人道的战争选择。两种观点都预设了人工智能最终将足够强大，却给出了完全对立的应对方案。时至今日，他们预想还没出现，但在看似不可调和的争论中日渐出现共识。参与讨论的各方一致认为，致命性自主武器的军控行为不应阻碍民用技术的开发和促进经济发展，即使定义不清也不妨碍其他问题取得进展。② 这表

① Vincent Boulanin, and Maaike Verbruggen, “Mapping the Development of Autonomy in Weapon Systems”, *SIPRI Report*, Nov. 14th, 2018, p. 26.

② 《2017年致命性自主武器系统问题政府专家组的报告》《禁止或限制使用某些可被认为具有过分伤害力或滥杀滥伤作用的常规武器公约》缔约方政府专家小组，2017年12月22日。

明，决策者的认知不是一成不变的。相关军控谈判不是一次性达成具有约束力的国际条约，而是制定出致命性自主武器的底线后采取多种军控手段结合的渐进方式建立“软法”。这需要国家采取自我限制，达成国家之间的非约束性协议，比如符合现行国际法和国际准则的“行为准则”。

在维护全球战略稳定上，国家并未进入你死我活的死胡同。人工智能技术可以作为维护战略稳定的工具。情报收集和分析的准确性的提高，也可能使威慑、保证和再保证更可信。在理想的情况下，如果获取更全面的情报和分析，则能加强对敌方的再保证。这个过程将促进形成良性循环，最终能够极大地降低战争风险。在拥核国家互信不足或难以揣测对方意图的情况下，更高效的侦察能力可以给决策者提供更多可信的信息。[①] 即使人工智能可以定位一国的导弹发射井，国家也可以加大导弹发射井承受第一次打击的能力，从而保留第二次打击的战略性力量，形成战略威慑。换言之，在技术层面，人工智能引发的战略不稳定并非完全不可破解。此外，人工智能还可以在核裁军和去核化中起到对核设施的监督和核查的作用。

“大分裂”并不是中美两国唯一的选择。我们应乐观地相信，

① ［美］吉斯特·爱德华、安德鲁·洛恩：《人工智能对核战争风险意味几何?》，兰德公司，2018 年；Vincent Boulanin，“The Impact of Artificial Intelligence on Strategic Stability and Nuclear Risk”，Volume Ⅰ；“Euro-Atlantic Perspectives”，Stockholm International Peace Research Institute，2019。

人工智能竞赛不是零和游戏。它应当是一项促进人类福祉和推动国家合作的工具。虽然特朗普政府的美国对外政策表现出领域“脱钩”的趋势，中美两国的科研合作反而呈现出更加紧密的情况。根据科睿唯安（Clarivate Analytics）提供的人工智能领域科技文献数据显示，从2013年到2017年，中美两国国际合作论文数量增长最快，互为过去5年开展国际合作最多的对象，合作论文达4000多篇。[①] 通过对科学和工程领域的著作进行文献统计，有研究发现中美两国学者在2014年到2018年间共同发表的论文数量增长了55.7%，并得出如果美国贸然切断同中国的科研合作关系会导致美国的发表成果数量大幅下降的结论。[②] 科学技术的发展和在世界范围内的传播会让各国受益。一国的技术突破也可能有利于另一国的社会发展。比如，位于北京的微软亚洲研究院曾经支持四名中国年轻学者发表了一篇关于深度残差学习的论文，其成为近年来该领域的重要引用文献。在论文发表后，四位作者中有一位前往美国脸书（Facebook）公司任职，其余三位则加入中国国内的人工智能创业行列。[③] 他们的成功无疑让中美两

---

① 科睿唯安信息服务：《人工智能领域科技文献中高产国家/地区的竞争力分析》，2018年12月，第13页。转引自傅莹《人工智能对国际关系的影响初析》，《国际政治科学》2019年第1期，第16页。

② Jenny Lee and John Haupt, "Winners and Losers in US-China Scientific Research Collaborations", *Higher Education*, Nov. 7th, 2019.

③ Matt Sheehan, "Who Benefits from American AI Research in China?", Oct. 21th, 2019, https: //macropolo. org/china-ai-research-resnet/.

国企业和整个人工智能研发界受益。

在国际安全事务中，不确定性是常态，确定性反而是稀缺的。随着人工智能技术的发展，对致命性自主武器的定义将不再只限制在技术层面，而在于自主能力范围的问题上。例如，武器的智能化程度成为判定其性质和限制的标准。政策制定者需要担心的并不是那些不确定性导致的潜在权势流失，而是这种认知的固化带来的长远风险。他们不应该期待以“技术治理技术”的手段获得稳健安全的人工智能系统来解决面临的国际安全困境。安全的军事系统会在技术层面降低国家之间突发事件发生的可能性，但这意味着一国获得了只有偏利于它的利器。这将不可避免地加剧军备竞赛，甚至动摇战略稳定而产生灾难性后果。同时，国家也不应该为了赢得军备竞赛的胜利而争相部署不安全的人工智能系统。政策制定者既不能低估不同的战略文化对使用新技术的影响，也不应高估人工智能带来的安全冲击。目前的人工智能技术还不成熟，也没有足够的证据表明它可以替代现有的武器系统。政策制定者应该做的是承认不确定性决定人工智能的安全治理是一个动态的过程，任何基于在未来出现最好或者最坏结果的计划可能都很难实现。面对不断变动的国际环境，政策制定者需要在不断发展的技术和变化的人性中去寻找国际合作的空间。

（陈琪，清华大学战略与安全研究中心秘书长、教授；朱荣生，清华大学战略与安全研究中心博士后。）

八　人工智能武器：安全与治理

国际人道法视角下的人工智能武器系统*

由于人工智能武器系统具有高度自主性，具备自主决定是否发起攻击、何时发起攻击以及如何攻击的能力，世界各国都在加速研发进度，由此也引发了国际社会对人工智能武器系统在现有国际人道法框架下合法性的讨论，主要包括如下三个问题。

第一，人工智能武器系统的法律属性。目前，我们研究和应用的人工智能武器系统是以算力、算法和数据为支撑要素，利用海量数据经过算法优化形成的军事化应用，其主要价值在于通过提供不受人类体力限制的持久力，减少由人类承担的高强度工作及战争中的人员伤亡，人工智能武器系统与人类战斗员是一种协作和协助关系，人工智能武器被纳入了人类战争，而并非要替代

* 本部分作者为白倩倩。

人类独自展开战争，人工智能武器依然是战争中的工具，并不取代战斗员身份。因此，人工智能武器系统的法律属性依旧是武器而非战斗员。

第二，人工智能武器系统本身的合法性。我们认为，人工智能武器系统本身并不必然违反国际人道法。根据国际人道法，武器本身合法需同时满足两个条件：一是不会造成不必要的痛苦或过分伤害；二是能够区分军事目标和民用目标，避免攻击平民和民用物体，保护未参与敌对行动的平民。值得注意的是，一项武器只有在任何情况下使用都具有不加区分的性质，才能判断它本身是非法的。就人工智能武器系统而言，不能仅因为其具有自主性就判断其具有非法性。因此，在国际人道法下，人工智能武器作为一种由各种要素集成的武器系统，本身并不必然具有非法性质。

第三，人工智能武器系统使用的合法性。国际人道法要求武器本身性质不得违法，同时也不能以非法方式使用武器。在实战中，使用人工智能武器系统要符合区分原则和比例原则。对于区分原则，在理想条件下，人工智能武器系统能够区分军用目标和民用目标。但战场环境极为复杂，人工智能武器系统可能会出现判断困难并遭受欺骗。对于比例原则，人工智能武器系统的判断面临更大的技术困难。比例原则要求攻击造成的附带伤害不应显然超过其取得的军事利益。但这个平衡度并非是单纯数量上的比值关系，而且包含价值判断，在现有技术条件下，要求人工智能进行准确判断恐怕难以实现。在实践中，现存的人工智能武器系统一般在探测、追踪、选择和追踪目标时具有较高的自主性，但最终的进攻决定权仍旧由指挥官保留并判断是否符合比例原则和区分原则，这也符合国际社会的期待与国际人道法的要求。

人工智能武器数据安全风险与治理*

（一）人工智能的数据依赖性

目前，应用广泛的人工智能大多处于依赖海量数据驱动知识学习的阶段，数据的数量和质量是决定人工智能性能的关键因素。不同的数据集会使人工智能产生不同的训练结果。而且，在含有较多噪声数据和小样本数据集上训练得到的人工智能算法和模型在面对新的应用场景时，可能会做出不准确甚至错误的判断。这种数据依赖性使人工智能存在一定的风险隐患。

（二）数据集的限制与规范

为了从源头减少人工智能武器的风险，在进行人工智能系统开发时，需要对数据集的选取和使用制定标准和规范。

---

* 本部分作者为郝英好。

首先，在数据集的选择与处理方面进行限制。数据集的分类和比例应当与实际情况相同或基本相同，并且数据数量应该达到一定的规模。在军事领域这样的数据集并不一定存在。对于不满足这样要求的数据集的领域应当限制人工智能的开发和使用。

其次，任务不同，对数据集的限制也应不同。对于风险较小的良性任务，如战场搜救、失踪者身份识别、战场评估等，数据错误可能不会造成严重的后果。然而，对于用于直接作战的自主杀伤性武器、网络战武器或者与杀伤性武器直接对接的作战决策系统等，对于数据集的限制应当更严格。

鉴于人工智能方法还存在很多的不确定性，应当设置人工智能数据禁区。不宜使用下列数据集进行训练：可能导致网络瘫痪、平民重大伤亡的数据集，严重挑战伦理道德的数据集；不宜军事化的领域的数据集，例如太空领域；一旦失控，对人类造成毁灭性打击的领域的数据集，例如核领域。

（三）各国应达成协议或谅解，防止假信息混淆攻击目标

随着“深度造假”“数据注毒”等对抗攻击手段的出现，人工智能系统面临数据被污染导致误判的风险。例如，通过“深度造假”技术伪造假情报迷惑对手，利用合成虚假的卫星图像制造虚假军事目标，或者将军事目标伪装成非军事目标，

从而影响对手的判断决策。这会给人工智能的军事应用造成严重问题。如果涉及武装人员与平民身份的误判将违反国际人道法的“区别对待”原则。因此，各方应当在数据污染或者数据攻击方面达成协议或谅解：在交战双方对抗过程中，应避免采取欺骗和伪装，使对方人工智能系统混淆军事目标与非军事目标、武装人员与平民，模糊可攻击和不应攻击目标之间的界限。

（四）红绿灯规则下的数据集要求

因为人工智能具有决策快速的特点，以及缺乏像人类一样的思考与改正错误的能力，所以笔者建议对人工智能制定比人类决策更严格的限制条件，并对不同算法机制下人工智能武器的数据集提出不同的要求，例如红灯规则、绿灯规则，使人工智能更好地遵守国际法。

红灯规则：选取目标数据时，搜集民用目标的数据，教会人工智能识别并避开民用目标，对民用目标亮红灯。此时，对数据集的要求是能够包含所有民用目标的特征，禁止对民用目标开火。但不应理解为排除掉民用目标后的其他目标都是可攻击的。

绿灯规则：识别出100%确定的军事目标，只攻击这些有限的目标，对于这些目标之外的一概不得攻击。对于这些目标的攻击是绿灯。此时，对数据集的要求是：越精准的数据越安全，而非越多的数据越安全。当然，多而精准的数据更好。

人工智能规范制定和减少军事应用风险*

人工智能的快速发展和广泛应用，有效提高了经济和社会发展的智能水平。2018 年，习近平主席在致世界人工智能大会的贺信中指出，中国愿在人工智能领域与其他国家合作，以共推发展、共护安全、共享成果。

近年来，各国政府、产业界、学术界、国际组织等就人工智能治理的规范和原则进行了广泛讨论并提出诸多建议，旨在保障人工智能发展和应用符合道德伦理要求，减少人工智能应用带来的潜在安全风险，这些建议包括：2019 年 6 月，中国国家人工智能治理委员会发布了《新一代人工智能治理原则——发展负责任的人工智能》，提出“和谐友好，公平公正，包容共享，尊重隐私，安全可控，共担责任，开放协作，敏捷治理”八项重要原则；2020 年 2 月，美国国防部正式发布规范人工智能军事能力发展的五项原则；2020 年 2 月，欧盟发布《人工智能白皮书》，指出欧盟的人工智能发展基于信任和追求卓越；2020 年 6 月，瑞典斯德哥尔摩国际和平研究所发表题为《人工智能对战略稳定和核风险的影响》报告，探讨了人工智能应用对战略稳定和核风险的

---

* 本部分作者为李驰江。

影响并提出建议；联合国政府专家组就负责任使用和发展“致命性自主武器系统”（LAWS）的指导原则进行了讨论，提出涵盖法律、技术和伦理道德方面的 11 条建议。

总体看，国际社会都高度关注人工智能军事应用对国际和平与安全构成的严峻挑战，但是各方对如何应对这些挑战，特别是减少人工智能军事应用风险，仍然存在不同意见和优先事项。中国和美国是人工智能应用的大国，两国应在相互尊重、合作共赢原则基础上，共同在人工智能和国际安全规范制定中发挥建设性作用。

中美在国际安全问题上有许多成功合作典范，例如 2010 年至 2016 年的核安全峰会。核安全系列峰会由美国倡导发起，得到中国和其他国家积极支持，峰会为促进全球核安全合作做出巨大贡献。中美加强合作，在北京成功建立中国国家核安保技术中心。该中心已成为全球核安保培训中心之一，与国际原子能机构等全球伙伴开展了良好合作。

如果中美就人工智能与国际安全问题达成共识，两国应共同努力吸引广泛国际支持，可考虑采取以下行动：秉持多边主义，支持联合国及其相关机构在人工智能和国际安全问题上的努力；支持《特定常规武器公约》关于“致命性自主武器系统”政府专家组会议，以推动各国就处理该问题原则、方式和法律文书的共识；在其他多边军控平台开展人工智能对军事应用和全球战略稳定影响的讨论；提高各方对人工智能和国际安全问题的认识；避免采取歧视性措施，防止阻碍和平利用人工智能技术；加强建立透明和信任措施机制，鼓励更多国家分享人工智能战略和政策、法律框架和法规信息；鼓励各国通过双边、多边及区域组织开展对话，包括组织高级别会议，开展国际合作和研究，提出前瞻性政策建议，等等。

（白倩倩，中国电科发展战略研究中心高级工程师；郝英好，中国电科发展战略研究中心高级工程师；李驰江，中国军控与裁军协会。）

Ⅲ

人工智能技术与治理

123

145

177

192

198

223

九　人工智能伦理问题与安全风险治理的全球比较与中国实践[*]

缘起：《网络安全标准实践指南——人工智能伦理安全风险防范指引》的发布及其背景

2021 年 1 月，全国信息安全标准化技术委员会（简称“信安标委”）正式发布《网络安全标准实践指南——人工智能伦理安全风险防范指引》（简称“《指引》”），《指引》是国家层面出台的首个涉及一般性、基础性人工智能伦理问题与安全风险问题，并具有可操作性的指引文件，为中国人工智能伦理安全标准体系化建设奠定了重要基础。

近年来，伴随着人工智能技术的快速发展及其在不同领域的普及应用，以推动人工智能“安全、可靠、可控”发展为目标的人工智能合规体系建设也在同步推进。中国初步确立了合规体系

---

* 本文首发于《公共管理评论》2021 年第 3 期。

建设规划和路线图[①]，提出了反映各方理念且具有一定共识基础的理念和原则[②]，也在具体领域制定或修订了针对特定问题的相关标准[③]。在此背景下，《指引》可被视为新的发展和补充，其既对理念和原则进行了细化，也未局限于特定问题，而是针对人工智能伦理问题与安全风险的共性挑战提出了较为具体的治理框架和行为规范意见。

对于《指引》积极意义的肯定，并不意味着人工智能伦理问题与安全风险治理便“一劳永逸”地得到了解决，甚至不一定意味着我们距离问题的解决“更近了一步”。正如阿西莫格鲁等人所警示的，我们或许连“需要什么样的人工智能”这样的目标性问题，都还不甚了了[④]。因此，在我国以及全球范围当前都紧锣密鼓地推进人工智能伦理问题与安全风险治理之时，我们或许有必要跳出围绕具体风险、原则或条款的斟酌与争论，以更加宏观

① 以《新一代人工智能发展规划》《国家新一代人工智能标准体系建设指南》等文件为代表。

② 以《新一代人工智能治理原则——发展负责任的人工智能》《人工智能北京共识》等文件为代表。

③ 包括《信息安全信息安全技术虹膜识别系统技术要求》《信息安全技术基于可信环境的生物特征识别身份鉴别协议框架》《信息安全技术指纹识别系统技术要求》《信息安全技术汽车电子系统网络安全指南》《信息安全技术车载网络设备信息安全技术要求》《信息安全技术智能家居安全通用技术要求》《信息安全技术智能门锁安全技术要求和测试评价方法》等。

④ Acemoglu D., Restrepo P., “The Wrong Kind of AI? Artificial Intelligence and the Future of Labour Demand”, *Cambridge Journal of Regions, Economy and Society*, Vol. 13, No. 1, 2020.

全局的视野认识我们面临的问题以及解决问题的不同路径，并在此比较反思的过程中做出适宜的选择。本文即基于此视角而展开的围绕全球人工智能伦理问题与安全风险治理研究和实践的综述性讨论，其在方法论上可归于文献综述类研究的“元研究”（meta-analysis）范畴。事实上，与近年来快速涌现的诸多人工智能伦理问题与安全风险治理方案相比，围绕方案起草过程的代表性、方案起草者的利益关联、方案有效性的评估、方案内容的缺陷与矛盾等问题的反思与批判，始终都是该领域为数不多但却未曾间断的重要研究路线之一[①]。本文可被视为沿袭此类研究并结合中国实践而展开的探索性讨论，希望为大多数关心但并不直接参与制度细节设计的公共管理研究者以及更一般的公众提供一个全球比较与反思的图景。

本文接下来将从五个部分展开论述。第二部分将对人工智能伦理问题与安全风险治理的问题进行界定，既是明确研究对象，也是对可能存在的不同治理目标进行比较与区分。第三部分将总结当前存在的应对人工智能伦理问题与安全风险治理问题的主要方案，从理念、客体、主体三个方面做出综述性解释。第四部分

---

① 参见 Greene D.，Hoffmann A. L.，Stark L.，“Better，Nicer，Clearer，Fairer：A Critical Assessment of the Movement for Ethical Artificial Intelligence and Machine Learning”，Proceedings of the 52nd Hawaii International Conference on System Sciences，2019；Hagendorff T.，“The Ethics of AI Ethics：An Evaluation of Guidelines”，*Minds and Machines*，Vol. 30，No. 1，2020.

将梳理针对已有方案的批评，在比较分析中厘清主要的反思视角。在此基础上，第五部分将回到中国：一方面总结中国当前推进人工智能伦理问题与安全风险治理的整体性框架，另一方面也对《指引》的内容特点和重要意义进行解释。第六部分将从未来展望的视角对全文做出讨论和总结。

问题：人工智能伦理问题与安全风险治理的独特性

在经历自1956年以来的两次发展起伏之后，人工智能技术在当前迎来了第三次发展高潮，并被视为第四次工业革命的标志性技术而得到普遍应用。尽管批评者指出，人工智能不过是硅谷包装的“答案主义”（Sollutionism）意识形态的又一个体现[①]，但其“通过脑力劳动的机械化将人类解放出来以从事更有意义活动”的能力[②]，仍然使之在诸多领域体现了一般性技术的变革价值。但与此同时，越来越多的研究逐渐意识到人工智能应用过程中所伴随的治理风险。智能推送算法可能引发的“信息茧房”和极化现象，犯罪风险评估算法体现的种族歧视倾向，人脸识别系

① Morozov E.，“Digital Socialism，the Calculation Debate in the Age of Big Data”，*New Left Review*，116/117，2019.

② 参见吴文俊《吴文俊全集：数学思想卷》，科学出版社2016年版。

统可能构成的全面监控网络，以及就业冲击、舆论操纵、隐私侵害等，都是引发公众关注的典型案例，这也成为推动人工智能伦理问题与安全风险治理的直接动因。尽管到目前为止，各国鲜有出台针对人工智能风险治理的法律法规，但根据德国非营利机构 Algorithm Watch 的统计，政府、企业、社会机构、国际组织、学术团体等全球范围的利益相关体已经提出了 160 多个原则或倡议，构成了人工智能伦理问题与安全风险治理的“软体系”。[①]

但新兴技术应用结果可能造成个人权利侵害或社会权力结构转移的风险，并不仅限于人工智能，传统治理体系也并不一定不能做出有效应对。例如，技术社会史的研究揭示，条形码和扫码器的应用提升了零售业的供应链管理效率，因此更有利于大型连锁零售商的运营，但这也并不必然意味着权力结构的集中或中小供应商及零售业工人的边缘化。尽管美国形成了沃尔玛式的垄断结构并抑制了供应商和工人的博弈能力，但德国和丹麦却出现了大型零售商与供应商、工人共享规模经济收益的情况；而在英国和法国，情况则是工人共享收益而供应商却在大型零售商的垂直并购中被边缘化[②]。换言之，技术创新和应用所带来的治理风险

---

① 本文所指治理“软体系”是区别于具有明确规则和约束力、强制力的“硬法体系”而言的，其旨在分析治理风险、提出治理目标、构建治理机制、提出治理方案，可被视为“硬法体系”形成之前的治理共识的达成过程，或者因难以具体、明确地界定不同主体的责任、权利、义务而采取的其他治理进程。

② Watson B. C.，“Barcode Empires：Politics，Digital Technology，and Comparative Retail Firm Strategies”，*Journal of Industry*，*Competition and Trade*，Vol. 11，No. 3，2011.

并不必然导致治理体系的变革，差异化的影响结果更多反映了不同文化、制度的历史沿袭，各国在面对相同技术治理挑战时也并非一定会采取类似的应对方案。由此，当我们注意到全球范围内不断涌现的人工智能伦理问题与安全风险治理原则或规范之后，一个更深刻的问题便浮现出来：人工智能作为新兴技术的发展与应用，究竟具有何种不同于其他技术的特点，使之要求治理体系和机制的变革？且这种变革为何又更多以"伦理问题与安全风险治理"的"软体系"面貌出现，而非采取更具约束力的法律规范形式？

较为直接的答案注意到了发展与规制的二元平衡：在新兴技术发展和应用模式尚存较大不确定性的情况下，更具包容性的"软体系"有利于最大限度降低规制对于创新的前置影响。但这仍然只是对于一般规律的总结，并未对人工智能的特殊性做出解释。更多的研究注意到了人工智能作为一般性技术的能力，且与蒸汽机、电力等其他一般性技术不同，人工智能至少在以下三方面体现出独特性。

首先，人工智能第一次体现了主体性挑战。传统数字系统的设计大都体现为人类借助表达能力而进行的需求界定、流程划分、条件判断等系列工作。与此不同，建立在机器学习基础上的人工智能技术流派的发展，可以基于大量数据的学习而自主总结出数据背后的规律与特征，由此体现出与"人"类似的"表达"

能力。迈克尔·波兰尼曾指出，“人类知道的远比其能表达出来的更多”，这也构成了人类表达能力的“波兰尼困境”[①]。人工智能对此困境的突破，使之具备了一定程度的主体性，并因此使得建立在人类行为因果联系基础上的传统治理体系面临挑战[②]。这一变化不仅提升了基于人工智能技术的数字系统的应用范围和深度，同时也带来了诸如智能排序算法结果是否受到言论自由权利保护、人工智能创作作品能否被纳入版权范畴等一系列挑战。

其次，人工智能的主体性挑战并不仅仅体现为作为技术产出的结果而引发的权利争议，更在于作为影响社会运行重要规则的形成方式的变化。网景公司创始人马克·安德森 2011 年在评论文章中提出的“软件正在吞噬世界”的观点，深刻影响了硅谷的发展进程，其事实上强化了劳伦斯·莱辛格在 20 世纪末提出的“代码即法律”的架构理论。在他们看来，数字化转型的过程，也就是代码作为人类社会运行第四种规则的影响力不断提升的过程。人工智能在扩大数字系统应用范围和深度的同时，也提升了代码作为“规则”的重要性，其不仅影响着每个个体的日常生活，也在一定程度上决定了政治选举、社会舆论、资源分配等诸多重大公共问题。但与法律、市场、社会习俗这些传统规则建立在政治合法性或历史合理性基础上不同，代码作为“规则”的形

① Polanyi M. , *The Tacit Dimension*, University of Chicago Press, 2009.

② 贾开：《人工智能与算法治理研究》，《中国行政管理》2019 年第 1 期。

成过程却很难说具有实质或程序上的正当性。这并不意味着代码规则仍然决定于利益团体的博弈，人工智能的技术实现过程决定了代码规则的形成过程是技术逻辑、社会逻辑和制度逻辑的复杂结合。以算法歧视为例，已有研究揭示，之所以搜索引擎算法更大概率上会将黑人姓名与犯罪记录联系在一起，并非设计者有意为之，而是反映了搜索者对黑人是否犯罪这一现象更为关注的社会心理，机器学习基于大量案例习得了这一规律，并通过最大化点击概率的技术目标将其体现并强化①。

最后，人工智能本身技术逻辑及其应用过程存在模糊性，也即“黑箱性”。如果我们在人工智能的所有应用场景都能发现并理解代码规则的形成机制，并及时采取救济或规制措施，那么前述两个独特性挑战也就不足为惧。近年来，数字平台公司不断调整、优化算法以使之符合社会价值要求的做法，便体现了此种思路，其也的确取得了较好效果。但限于商业秘密的保护，我们事实上很难知晓数字公司设计、应用人工智能的基本逻辑；更重要的，以算法作为主要体现的人工智能技术已经成为“看不见的手”，并嵌入社会的方方面面，其在不同场景下管理、分类、约束乃至决定整个社会的运行，我们并不能明确界定一个实体对象或工作流程来解释其运行过程。佐治亚理工学院教授伯格斯特形

① Sweeney L.，“Discrimination in Online and Delivery：Google ads，Black Names and White Names，Racial Discrimination and Click Advertising”，*Queue*，Vol. 11，No. 3，2013.

象地将其比喻为“黑洞”：我们能清晰感受到它的影响，却并不能对其内部一窥究竟[①]。

正是基于上述层次递进的三个方面的解释，我们或许才能更深入地理解人工智能的独特性，并因此理解人工智能治理的必要性。我们之所以重视“软体系”的作用，以及更具体的伦理问题与安全风险，既是出于平衡发展与规制的需要，更重要的原因还在于人工智能主体性挑战背景下，其作为人类社会运行“规则”、运行机制的复杂性和“黑箱性”。技术、社会、制度因素的相互关联，使得人工智能治理难以被置于已有的法律框架之下，在不能清晰界定不同主体责权边界的情况下，唯有通过伦理问题与安全风险治理的“软体系”以促进利益相关体的共同探索，为形成新的治理体系和治理机制准备条件。

方案：现有准则规范的思路与特点

人工智能伦理问题与安全风险治理的目的在于建构人工智能发展的合规体系，在释放技术创新潜力的同时，通过理念的引导、目标的界定、风险的揭示、底线的探索，形成针对人工智能技术产品或者利益相关体的规范性要求，以使得人工智能的发展应用符合人

① Bogost I.，“The New Aesthetic Needs to Get Weirder”，*The Atlantic*，Vol. 13，No. 4，2012.

类社会价值需要。就现有研究或实践的进展来看，大致可从理念、客体、主体三个方面来梳理不同工作的思路和特点。

首先，聚焦于理念，各方从不同视角出发，均试图对“发展什么样的人工智能”问题做出回答，通过核心概念、目标、价值的界定以影响人工智能技术开发与应用进程。人工智能的主体性以及围绕技术政治性的复杂讨论，均提醒我们人工智能发展路径的多元性及其对社会影响的多重性。正因为此，究竟发展什么样的人工智能，便成为首先要明确且取得共识的重点。尽管“人工智能”概念本身尚存争议[①]，但这并不影响各方从治理视角对“人工智能”加上“限定语”。未来生命研究所提出的“有益人工智能”（beneficial AI）（Future of Life Institute，2017 年）、英国上议院提出的“伦理性人工智能”（ethical AI）（UK House of Lords，2017 年）、欧盟人工智能高级别专家委员会提出并为经合组织所沿用的“可信赖的人工智能”（trustworthy AI）（OECD，2019 年），以及中国新一代人工智能治理委员会提出的“负责任的人工智能”（responsible AI），均是具有广泛影响力的核心概念，在引导利益相关方思考人工智能发展方向的同时，其具体内涵的解释以及由此所衍生的产品和行为规范要求也引导着具体伦

① 例如，人工智能研究领域到目前为止也未能对“人工智能”的定义形成共识，主要的分歧之一在于部分研究者认为只要在结果层面重复人类行为即可称为“人工智能”，但其他研究者认为要在过程中也模仿人类的思维模式才能被视为“智能”。

理问题与安全风险的治理。

其次，聚焦于客体，针对人工智能伦理问题与安全风险治理的不同议题，各方均试图提出整体性的分析框架以将复杂议题局部化、模块化。人工智能伦理问题与安全风险治理的挑战性不仅体现为问题本身的复杂性，同时还体现为包含不同议题的多重性。在认识到难以同时解决所有议题的前提下，利益相关方（尤其是私人部门）开始聚焦于具体议题，并提出不同解决方案。一般的研究思路是围绕人工智能从研发到应用的全生命周期，从数据的收集整理、模型的训练验证、应用的评估反馈等各个环节分析不同问题，并提出相应解决方案。关注责任问题的“负责任及可解释的人工智能”（Accountability and Explainable AI）[①]、关注公平问题的“平等及歧视敏感型数据挖掘”（Fairness and Discrimination Data Mining）[②]，以及关注隐私问题的“设计隐私”（Privacy by Design）[③]，均是典型代表，而谷歌、微软、脸书等大型数字平台公司所提出的“AI Fairness 360 Tool Kit”“What-If Tool”“Fairness Flow”等工具，也为上述问题的解决提供了技术方案。同时，以“FAT ML”（Fairness，Accountability and Trans-

① Mittelstadt B. D.，Russell C.，Wachter S.，“Explaining Explanations in AI”，Proceedings of Fairness，Accountability，and Transparency，Atlanta：ACM，2019.

② Gebru T.，Morgenstern J.，Vecchione B.，et al.，Datasheets for datasets. ar Xiv：1803109010，2018.

③ Baron B.，Musolesi M.，“Interpretable Machine Learning for Privacy-Preserving Pervasive Systems”，*IEEE Pervasive Computing*，Vol. 19，No. 1，2020.

parency in Machine Learning）或“XAI”（Explainable Artificial Intelligence）网络社区为代表，国际社会已经形成了关注人工智能治理的技术社群，专门针对人工智能伦理问题与安全风险寻找技术解决方案。

最后，聚焦于主体，讨论不同利益相关方在人工智能伦理问题与安全风险治理中的责权分配关系与结构，以形成能够有效应对不确定性的治理体系和机制。正如公共管理学者 Wirtz 和 Müller 所提出的，人工智能伦理问题与安全风险治理不应仅停留于技术层面，一个整体性的人工智能治理框架应同时包含技术层面、组织层面和政策层面[①]。与此思路类似，近年来围绕新兴技术治理机制和框架的讨论，已经涌现出了诸多新理念，并逐步形成了较为完整的理论框架，对政府监管者、企业、公众等不同主体围绕新兴技术规制议题的责权关系做出了深入分析。敏捷治理[②]、实验主义治理[③]、规制治理[④]都是典型代表，其大都要求在释放基层或一线监管者自由裁量权的基础上，在监管者与被监管者之间形成制约和激励关系，以促使被监管者实行更有效的自我约束。这

---

① Wirtz B. W., Müller W. M., “An Integrated Artificial Intelligence Framework for Public Management”, *Public Management Review*, Vol. 21, No. 7, 2019.

② 薛澜、赵静：《走向敏捷治理：新兴产业发展与监管模式探究》，《中国行政管理》2019 年第 8 期。

③ Sabel C. F., Zeitlin J., “Experimentalist Governance”, *The Oxford Handbook of Governance*, Oxford University Press, 2012.

④ Lobel O., “New Governance as Regulatory Governance”, *The Oxford Handbook of Governance*, Oxford University Press, 2012.

些理论探讨究竟应该以及在何种程度上应用于人工智能伦理问题与安全风险治理，尚需要更深入的学术研究和案例分析，但其在规范意义上已经成为该领域探索治理机制创新的理论基础。

比较与反思：现有方案的争议、缺失与偏差

人工智能伦理问题与安全风险治理的快速发展并不必然意味着我们走在解决问题的正确道路上，对当前工作的批判性反思仍然具有重要价值，能使我们更清楚地认识到进展与不足。事实上，考虑到不同利益相关方会从各自角度提出相应准则规范，即使包括二十国集团（G20）、经合组织、电气与电子工程师协会在内的各类国际组织积极参与其中，围绕人工智能伦理问题与安全风险治理的全球机制也仍然尚未建立，这必然导致相关工作的分散性和不成体系性。面对这样的情况，现有的比较性研究主要从以下三个方面提出了反思性意见。

第一，围绕关键概念的内涵界定尚存争议，并因此影响了全球治理共识的形成，这集中体现在三点。首先，对于“人工智能”概念的界定存在多重解释，这不仅体现在技术层面结果导向或过程导向的定义争执，更体现在治理层面将其视为产品、过程还是主体对象的范围分歧。其次，已有方案未能就“人工智能伦理”以及“伦理风险”的内涵形成共识。如果说“安全风险”

主要与技术安全或产品安全相关并已经有较为充分的讨论，相比之下“伦理风险”则存在诸多不同解释，这既是源于不同社会文化环境对于“伦理”的定义不同，也源于能否及如何在人工智能研发过程中嵌入伦理要求的实现路径的差异。最后，针对更为具体的风险治理要求，不同利益相关体存在不同理解。例如，“可解释性”是大多数准则规范都包含的风险治理要求，但究竟是在源代码、算法模型、训练数据、应用逻辑等何种层面的“可解释”，以及按照何种标准的“可解释”，都存在诸多分歧[①]。上述争议既意味着当前人工智能业态的不成熟，也意味着我们对于人工智能伦理问题与安全风险治理进程所应秉持的开放性、动态性态度。

第二，当前提出的人工智能伦理问题与安全风险治理原则在内容上存在缺失或争议。已有研究的比较性、统计性分析表明，当前提出的大部分准则规范都注意到了透明度、歧视与公平、隐私保护、责任、自由与自治、安全可靠、促进为善、社会保障等方面的风险治理原则，但同时在可持续发展、人机关系、特定领域的限制应用、研究者多元化和中立性要求等方面存在缺失。同时，源于不同利益相关体的分散工作，不同准则规范之间的冲突性和矛盾性日益凸显。例如，普惠发展与隐私保护的内在张力、

① 沈伟伟：《算法透明原则的迷思——算法规制理论的批判》，《环球法律评论》2019 年第 6 期。

安全可靠与非歧视要求的冲突，以及准确率、召回率等不同技术指标体现出来的不同公平原则的权衡取舍，都是典型案例①。导致内容缺失或争议的根本原因在于人工智能伦理问题与安全风险全球治理机制的不成熟，这既包括组织层面协同治理机构的不足，也包括统一的、具有较强共识性的有效性评估体系、标准体系的缺失。

第三，提出并形成人工智能伦理问题与安全风险治理原则的决策过程不够开放、民主，并可能因此导致结果出现偏差和片面性。这方面的批评首先集中于对“软体系”作用及其动机的质疑。相关的控制实验研究表明，现有的准则规范并不能影响利益相关体在参与人工智能开发和应用过程中的合规行为②。更直接的批评者指出，考虑到相当多的准则规范是由私人部门所提出，其在事实上可能作为抵制政府强监管的借口而流于形式③。同时，考虑到起草过程的非开放性，主要体现技术专家理念的准则规范既可能忽略对于现实问题的关注（例如，更关注强人工智能的问

---

① Corbett-Davies S., Pierson E., Feller A., et al., “Algorithmic Decision Making and the Cost of Fairness”, Proceedings of the 23rd ACM Sigkdd International Conference on Knowledge Discovery and Data Mining, Halifax: ACM, 2017.

② McNamara A., Smith J., Murphy-Hill E., “Does ACM' Code of Ethics Change Ethical Decision Making in Software Development?”, Proceedings of the 2018 26th ACM Joint Meeting on European Software Engineering Conference and Symposium on the Foundations of Software Engineering, Lake Buena Vista: ACM, 2018.

③ Benkler Y., “Don't Let Industry Write the Rules for AI”, *Nature*, Vol. 569, No. 7754, 2019.

题，却忽略当前已经普及应用的场景性人工智能风险），也可能因为技术专家团体的男性主导结构而体现出较强的性别差异（例如，更偏好理性化、计算化、逻辑化解决方案，却忽略了对于同理心、同情心、情感伦理的重视）。

中国实践：多方并行的努力及《指引》的主要内容

人工智能伦理问题与安全风险治理的进展和反思展现了该领域的全球图景。中国作为人工智能发展和应用大国，同样将人工智能的治理体系建设置于头等重要的位置，并初步形成了一定框架。相比于全球私人部门、社会组织等非政府团体的积极参与，中国更多体现了政府推动下的协商与建设过程。①

2017 年，以国务院名义发布的《新一代人工智能发展规划》（简称《规划》）提出了中国推进、形成人工智能法律法规、伦理规范和政策体系的基本要求和时间路线图。在《规划》要求的指导下，相关工作可被概括为沿着三个方向的并行努力。第一，针对中国人工智能的发展现状和需求，同时结合国际社会的相关讨论与共识，提出基于中国国情的人工智能伦理问题与安全风险治

① 中国企业的代表性参与行为包括腾讯发布《智能时代的技术伦理观——重塑数字社会的信任》，百度参与 Partnership on AI 等。

理准则规范，对内指导利益相关方的研发、应用行为，对外体现中国推进人工智能治理的主张并参与全球治理进程。2019 年 6 月，国家新一代人工智能治理专业委员会发布的《新一代人工智能治理原则——发展负责任的人工智能》（简称《负责任的人工智能》）即典型体现。除此之外，北京智源人工智能研究院发布的《人工智能北京共识》，以及腾讯公司提出的面向人工智能的技术伦理观，都可被视为中国不同利益相关方在此领域的努力与贡献。第二，聚焦于人工智能伦理问题与安全风险治理的具体问题，形成具有规范意义的技术标准。这又集中体现于 2020 年国家标准化管理委员会联合四部门共同出台的《国家新一代人工智能标准体系建设指南》，其中明确了伦理安全标准的重要地位，并就概念术语、数据算法、系统服务、测试评估等人工智能研发应用关键环节的标准建设工作做出了重点部署。第三，针对具体领域的人工智能应用问题，相关部门开始起草具有强制约束力的法律法规或政策文件，例如，国家互联网信息办公室出台的《网络数据安全管理条例（征求意见稿）》《网络信息内容生态治理规定》，以及更为具体的《常见类型移动互联网应用程序（App）必要个人信息范围（征求意见稿）》等文件，均对特定领域人工智能的应用划定了边界。

在上述三个方向所构成的整体图景中，2021 年初由全国信息安全标准化技术委员会正式发布的《网络安全标准实践指南——

人工智能治理安全风险防范指引》（简称《指引》）可被视为具有承上启下作用的重要文本，其既是对于《负责任的人工智能》原则的发展与细化，同时也为进一步制定人工智能伦理问题与安全风险治理标准准备了条件。就其内容而言，《指引》主要对三个问题做出了回答：对谁提出规范性要求？为什么提出要求？要求什么？

首先，《指引》遵循人工智能研发和应用生命周期的逻辑，将研究开发者、设计制造者、部署应用者以及用户都纳入了行为规范范畴。研究开发涵盖人工智能理论发展、技术创新、数据归集、算法迭代等相关工作，设计制造是指利用人工智能技术形成具有特定功能、满足特定需求的系统、产品或服务，部署应用则涉及具体工作生活场景的采纳与使用。

其次，《指引》从失控性风险、社会性风险、侵权性风险、歧视性风险、责任性风险五个方面具体总结了人工智能伦理问题与安全风险的类型和当前关注点，明确了规范的对象。失控性风险是指人工智能的行为与影响超出利益相关方所预设、理解、可控的范围且带来负面效果的风险。既有的其他准则规范多以此指代强人工智能的发展风险，但《指引》并未局限于此。事实上，即使是当前人工智能的技术发展水平，其应用过程也可能存在失控风险。社会性风险是指因人工智能的误用、滥用而对社会价值理念造成负面影响，“信息茧房”便是典型体现，其不一定会表现为对具体权利的侵害，但却可能在长期的潜移默化中影响人类社会的价值理念。侵权性风险涉及人工智能对人的基本权利的影响，自动驾驶汽车事故中的人身伤害、人脸识别对于隐私的侵犯、人工智能作品的版权争议都属此类。歧视性风险聚焦于人工智能对于特定群体的主观或客观偏见，并造成了权利侵害或负面影响的结果，这又尤其与当前主流人工智能技术路径极度依赖大数据的特性相关。责任性风险关心人工智能造成负面影响后的责任界定难题，其会影响人工智能发展过程中社会变革成本的公平承担及社会信任等相关问题。

最后，在提出一般性适用的基本要求的基础上，针对不同利益相关方在不同种类风险治理中的角色定位，《指引》明确了其差异化的行为规范要求，初步体现了敏捷治理的原则和精神。《指引》总结了六条基本要求，既涵盖积极正面的引导性要求（例如，人工智能发展应以推动经济、社会、生态可持续发展为目标），也包括底线原则式的价值考量（例如，应尊重并保护个人基本权利、在合理范围内开展相关活动等）。就不同利益相关方而言，出于鼓励创新及其风险影响程度和范围有限的考虑，《指引》对于研究开发者较少提出限制性要求，而更多体现为鼓励性、引导性目标（例如，应不断提升人工智能的可解释性、可控性）；相比之下，设计制造者和部署应用者则面临更多的限制性条款。设计制造者被要求设置应急处置机制、事故处理流程、事故信息回溯机制、救济保障机制等，而部署应用者同时还被要求为用户提供非人工智能的替代选择方案，并建立用户投诉、质疑、返回机制。特别的，对于部署应用者而言，不同领域的风险敏感性存在较大差异，因此《指引》总结了两类特殊场景，并提出了相应规范，这又具体包括将人工智能作为直接决策依据并影响个人权利的场景，以及公共服务、金融服务、健康卫生、福利教育等公民必需的基础性领域。尽管用户并非重点规范对象，但考虑到其在合理使用、风险反馈等方面也具有重要作用，《指引》对这一群体也提出了相应要求。

需要注意的是，虽然《指引》在中国人工智能治理场域下具有重要作用，但结合第四部分中关于全球比较与反思的内容不难发现，其仍然存在若干局限。具体而言，《指引》仍然未对"人工智能伦理"等关键概念做出明确界定，也未覆盖所有的人工智能伦理问题与安全风险（例如，人工智能在一些特殊领域的应用风险），同时也未对不同场景下不同人工智能应用提出更细致化的差异要求（例如，在不同场景下人工智能的可解释性要求标准应不同）。就起草过程而言，《指引》按照惯例向社会公开征求了两周意见，但并未在全社会引发围绕人工智能治理的充分讨论，这也限制了各方意见的全面表达。上述不足既与《指引》的文件定位有关，也与人工智能伦理问题和安全风险治理的系统性、复杂性有关，可以说，很难通过一份文件"毕其功于一役"。尽管如此，作为引导各方参与人工智能伦理问题与安全风险治理的指引性文件，《指引》起到了细化宏观理念原则的具体内涵，以及指导未来进一步制定标准规范的衔接作用，同时也体现了中国在该领域的积极、开放的态度，有利于未来中国参与人工智能伦理问题与安全风险治理的全球对话进程。

讨论与结论：人工智能治理的未来展望

《指引》的出台是中国人工智能治理进程中的重要节点，本文以此为契机展开的学理分析和内容解读，并不致力于给出具体的政策建议或治理原则，而是试图为理解利益相关方推动人工智能伦理问题与安全风险治理进程提供整体图景，并对中国近年来的发展成果和思路提供解释与分析。由此我们也不难发现，尽管各方在核心概念和基础原则方面形成了一定程度的全球共识，但考虑到仍然存在的争议、遗漏与协同机制的缺口，要想针对人工智能伦理问题与安全风险问题提出通用性、一般性的治理准则或规范，仍然还有很长的路要走。不过这也并不意味着短期内我们无法实现对于人工智能伦理问题与安全风险的有效治理。结合人工智能全球治理进程的具体发展情况，我们判断未来改革将呈现以下三个方面的趋势。

第一，虽然具有全球共识性、约束力的人工智能伦理问题与安全风险治理原则难以在短期内出台，但在“可信赖的人工智能”“负责任的人工智能”等核心概念上，各方可能达成一致。这既源于G20、经合组织等重要国际组织的推动，也体现了重要国家在该领域的意见和态度。第二，尽管人工智能全球治理体系在短期内难以成熟，但具有较高共识度的人工智能伦理问题与安全风险评估框架、标准体系等中微观层面的全球治理机制可能加速形成，这既是源于实践发展的政策需要，也得益于专业组织、学术团体在此方面的丰富工作。第三，考虑到人工智能发展应用进程及风险涌现的紧迫程度，当前侧重“软体系”的治理规范可能逐渐向更具约束力的“硬法体系”转移，尤其是针对具体领域的人工智能应用可能会形成较为明确的治理规则。对于我国而言，在《规划》要求的指导下，人工智能伦理问题与安全风险治理进程必将进一步加速；更多利益相关体的加入与协同也将成为常态，进而共同推动人工智能合规体系的建设与完善。

（贾开，电子科技大学公共管理学院副教授；薛澜，清华大学公共管理学院教授、苏世民书院院长、人工智能国际治理研究院院长。）

十　人脸识别治理的国际经验与中国策略

人脸识别被广泛运用于各种场景，如通行、测温、支付等。在新冠肺炎疫情期间，市场上出现了人脸测温设备，集测温与通行于一体，可以实现高效测温和快速通行。但人脸识别也存在一些治理问题，据报道，杭州野生动物园要求客户“刷脸”入园，用户因此向法院提起诉讼；一些小区或楼宇安装人脸识别门禁，强制收集住户的人脸信息；互联网上出现了交易人脸信息的“黑色产业链”，严重威胁社会公众的隐私权、平等权、人身自由以及财产权益等。在“人脸识别第一案”中，法院支持了用户的诉讼主张，要求野生动物园删除面部照片，但是用户仅通过法院保护自身权益是不够的。在 2021 年市场监管部门的执法行动中，监管部门严查了一批滥用人脸识别摄像头的企业，并依据《消费者权益保护法》对违法企业进行了处罚。但是这些治理措施都呈现出分散性、短期性和运动式的特点，中国尚缺针对人脸识别的体系化的治理机制和措施。在全球人工智能产业迅猛发展和激烈竞争的局势下，“一刀切”地禁止人脸识别，将忽视新技术带来的收益和效率，这并非明智的选择。对此，本文从技术角度和场景应用角度解析人脸识别的公共安全风险，并对欧美地区的治理政策进行横向比较，借鉴域外实践经验和治理工具，并提出适合中国国情的人脸识别治理策略。

人脸识别的技术原理简介

国家标准《信息安全技术远程人脸识别系统技术要求》（GB/T 38671—2020）对人脸识别的定义为：“以人面部特征作为识别个体身份的一种个体生物特征识别方法。其通过分析提取用户人脸图像数字特征产生样本特征序列，并将该样本特征序列与已存储的模板特征序列进行比对，用以识别用户身份。”① 人脸信息是一种生物特征信息，不同的人脸有不同的特征，技术人员利用深度神经网络基于人脸数据库进行学习，自动总结出最适合计算机理解和区分的人脸特征。每一张人脸可以表示为一个坐标，即在特征空间中的一个点，而且同一个人在不同照片中的脸在特

① “信息安全技术远程人脸识别系统技术要求”，2022 年 4 月 28 日，http：//openstd. samr. gov. cn/bzgk/gb/newGbInfo？ hcno = C84D5EA6AC99608C8B9EE8522050B094。

征空间中非常接近。如在手机的人脸解锁应用中，系统会对比当前采集的人脸与提前注册的人脸在特征空间中的几何距离，若距离足够近，则判断为同一个人。

人脸识别的应用方式包括两类：第一类是人脸验证，即1∶1比对，判断两张照片中的人是否为同一人，典型应用场景是人脸解锁。第二类是身份查询或人脸辨识，即1∶N比对，识别当前的人是数据“底库”中的哪一个人，典型应用场景是追踪嫌疑犯或会场签到。要实现这些功能，系统需要存储人脸和身份信息，在运行中会将见到的（或抓拍的）人脸与存储的人脸进行比对，找出匹配的人脸并确认特定的个人。此外，人脸识别还有一项较为边缘的功能，即发现人脸（detection），它不会对人脸进行识别，也不要求收集或存储可识别的信息。如在疫情期间，一些企业推出“非配合式测温产品”，利用AI图像技术，在行人戴口罩的情况下，找准每个人的额头实现准确测温。如果仅是对行人测温，使用该技术时不需要存储人脸信息，也不需要存储随时抓拍的人脸照片。因此，仅使用“发现人脸”这一功能侵犯个人隐私或泄露敏感数据的风险较低。按人脸识别的使用主体分，主要为公共机构和商业机构。这两类主体使用人脸识别的目的有所不同，公共机构为社会公众提供公共服务，而商业机构为了追逐商业利益。因这两类主体的技术能力、安保能力以及管理规范有差异，用户对这两类主体使用人脸识别的信任感和支持度不同。按人脸识别的使用场合分，主要为公共场所和私人家庭场合。在这两类场合下，因人脸识别对社会公共利益或用户个人利益的影响不同，对应的合规义务有所差异。

人脸识别存在技术缺陷。首先，在数据层面，需要大量人脸信息进行针对性训练，而人脸信息属于敏感信息，系统若遭到攻击，容易泄露敏感数据。其次，在算法层面，训练算法的数据需要标注，标注数据的成本高，且人工标注会出错，一旦数据错误，训练出的算法也会出错。机器学习算法本身存在脆弱性和不稳定性，如图灵奖获得者姚期智院士提到“小猪变飞机”的例子，将一只小猪的照片加入一些“干扰”，系统可能将其识别为飞机。因而人脸识别系统容易遭受人脸照片或其他纸质面等物体的攻击。最后，在技术应用层面，在光照较差、被遮挡、人脸变形（如大笑或大哭）等情况下，神经网络较难提取出与标准人脸相似的特征，致使异常脸在特征空间中落到错误的位置，导致识别失败。在有大规模用户群体的应用场景中，人们需要极低的误报率，而现实中复杂的环境容易导致识别错误，反而降低效率。

人脸识别技术的公共安全风险

（一）从技术角度分析人脸识别的风险

从人脸识别的技术角度分析，由技术缺陷引致的风险包括：

识别错误、歧视、安全漏洞等。

1. 人脸识别算法的识别错误

训练算法的实验室环境与现实环境之间存在差异，算法的准确度受到场景环境的影响，如戴帽子或戴墨镜、化妆、现场的光线和照片抓拍的角度等都会影响识别的准确率。算法的准确度直接影响通行效率，甚至影响对特定人员的认定结论，如以人脸识别鉴别罪犯，识别错误会导致错捕或错判。据媒体报道，美国公民自由联盟（英文简称“ACLU”）使用亚马逊的人脸识别软件进行了一项实验，发现软件错误地将28名国会议员认定为此前被捕的罪犯。

2. 人脸识别算法的歧视

训练数据的质量和类型都会影响算法的识别效果。如美国麻省理工学院对微软、Facebook、IBM等公司的人脸识别系统进行测试后发现，系统检测肤色较深女性的出错率比检测肤色较浅的男性高出35%。对此，人们质疑算法涉嫌性别歧视和种族歧视。算法是由人设计出来的，开发人员可能将自己的价值观嵌入算法中，因而存在人为的偏见因素。

3. 算法容易受到安全攻击

在GeekPwn 2020国际安全极客大赛上，黑客向大家展示了劫持飞行的无人机、干扰自动驾驶汽车、戴上口罩“刷”别人的脸结账等算法攻击现象。据报道，清华大学某团队利用算法漏洞，在15分钟内解锁19个智能国产手机。可见算法客观上存在漏洞和缺陷。随着对抗训练的深度学习技术的发展，人们可以合成高精度的人脸信息。如以“深度伪造”技术合成人像、声音和视频，用以欺骗人脸识别系统，这会侵犯公民的隐私权、肖像权、名誉权等，甚至威胁社会安全和稳定。市面上不同厂商的人脸识别系统的技术安全水平千差万别，缺乏统一标准，有的基于二维图片来识别，成本低，安全性能也低。据媒体报道，在一些安装了人脸识别门禁的小区，现场抓拍住户的照片后，能以照片打开门禁。

（二）从运用场景角度分析人脸识别的风险

人脸识别在不同应用场景中产生不同的风险，本文选取设备解锁、楼宇园区管理、市场营销、城市治理、教学管理、实名认证等应用场景，结合媒体曝光的多起典型事件，识别每一种场景对应的风险后果，具体包括侵犯隐私、泄露敏感信息、滥用等（参见表10.1）。

1. 人脸信息的收集、存储和使用情况不透明

在多数场景中，应用人脸识别需要收集和存储人脸信息。人脸收集设备越来越隐蔽和智能化，个人越来越难以掌控自己的人脸信息。因缺乏统一的行业标准，人脸数据存储于各类运营者手上，用户并不知晓这些数据是否脱敏、是否有安全保障措施、是

表 10.1　人脸识别若干应用场景的风险事件与风险后果

应用场景	风险事件	风险后果
手机解锁或人脸支付。	• 清华大学研究团队利用系统漏洞 15 分钟内解锁 19 个手机。 • 人工智能公司 Kneron 用 3D 仿真面具和照片破解人脸识别系统，并使用 3D 面具骗过支付宝的人脸识别支付。	• 威胁个人财产安全。
管理楼宇（或园区），如人员通行、人脸梯控、人脸考勤、VIP 迎宾和访客管理。	• 杭州野生动物园的年卡系统升级为人脸识别。 • 某些小区要求居民到物业录入人脸信息启用人脸识别门禁。	• 敏感信息泄露。 • 强制要求刷脸侵犯人格尊严。 • 未经"告知—同意"侵犯个人隐私权。
在商场或门店用人脸识别进行客户管理或预测营销。	• 2021 年"315"曝光某企业在店内安装人脸识别摄像头，在顾客不知情的情况下抓拍和识别。在售楼处安装人脸识别辨别客户身份，按"客户类型"定不同价。	• 敏感信息泄露。 • 强制要求刷脸侵犯人格尊严。 • 未经"告知—同意"侵犯个人隐私权。 • 不公平待遇和歧视。
用于城市治理，包括保护公共设施、保障"市容市貌"、维护公共卫生、实现垃圾分类等。	• 某城管局网上曝光"不文明"市民穿睡衣出行，公开露脸照和身份证信息。 • 某地在公共厕所安装"人脸识别供纸机"。	• 敏感信息泄露。 • 曝光身份信息侵犯人格尊严。 • 未经"告知—同意"侵犯个人隐私权。
用于教学管理，包括识别学生面部表情、记录学生课堂表现。	• 某些学校在教室内安装人脸识别获得学生课堂出勤率和抬头率等。 • 某些在线教育机构推出面部情绪识别与专注度分析系统，基于人脸表情分析学生情绪。	• 敏感信息泄露。 • 强制要求刷脸侵犯人格尊严。 • 受到实时监控侵犯个人自由权利。
用于核验身份，包括在线会员认证、金融业务办理、直播业务核验、民事政务办理、在线考试等。	• 某行动不便的老人为激活社保卡，到银行网点被人抱起进行人脸识别。	• 敏感信息泄露。 • 强制要求刷脸给特殊群体（老人、残障人士或儿童）带来不便。

否对外分享等。这些数据库可能被黑客入侵，可能被内部拥有权限的人员用于非法目的，最终导致敏感信息泄露，产生严重的侵权事件。如央视新闻调查发现，在某些网络交易平台上，只要花2元钱就能买到上千张人脸照片。

2. 泄露人脸数据库引发安全问题

人脸属于重要的生物特征信息，具有主体唯一性和不可变更性，一旦被收集和分析再难摆脱技术的“束缚”。特别是身份证、手机号、家庭住址、银行卡号等与人脸关联后，他人可能“骗过”系统进入特定空间或实现金融交易，由此产生严重的人身和财产损害。多数人脸识别开发者或运营者缺乏数据管理机制，无法安全存储和保护数据库。以物业公司为例，如果住宅区或办公楼的人脸识别系统交由物业运营，他们可能缺乏技术能力和动力保障数据安全，甚至将住户的地址、联系方式和人脸等外泄，带来安全隐患。

3. 人脸识别被违规滥用

人脸识别可能被用于不正当目的，如用于追踪个人行踪，通过锁定位置和分析轨迹，使人处于联网监控中，会侵犯个人的隐私和行动自由。人脸识别还被用于引发道德争议的场景中，2017年，斯坦福大学的研究团队研发人脸识别算法实现以人脸预测性取向。还有人利用人脸识别分析和推断自然人的情绪，实现“察言观色”。国内某些部门在网上曝光“穿睡衣出行”的市民，曝光内容包括姓名、身份证号和证件照等，涉嫌侵犯人格尊严。人脸识别也会在违背比例原则的情况下被使用，如有的公共厕所用人脸识别防止浪费厕纸，有的小区安装人脸识别垃圾桶实现垃圾分类。在这些场景中，因潜在风险大，运营成本高，人脸识别并不是一种有效率的方案。

欧盟和美国的人脸识别治理政策比较与启示

近年来，欧盟和美国出台了一系列人脸识别治理政策，本文比较分析欧美的治理政策和实践经验，提出中国本土化的治理策略。

（一）欧盟的治理政策与实践

欧盟为人脸识别确立了贯穿数据、算法和运用这三个环节的规则体系，就人脸识别使用者（公共机构和私营主体）、开发者（包括生产者和服务提供者）提出了具体要求。在实践方面，瑞典依据欧盟《通用数据保护条例》（*General Data Protection Regulation*，GDPR）对违规使用人脸识别的学校进行了处罚。

1. 通过数据规则严格保护生物识别信息

在欧盟，GDPR 为人脸数据提供了全面和严格的保护，它赋予个人的权利包括：（1）知情权与同意权。企业收集用户的个人信息，需要提前告知并经用户同意。（2）删除权。用户可以基于以下理由要求企业删除个人信息，包括不再需要数据、数据主体不再同意、数据存储期限届满等。（3）反对权。当完全依靠自动化处理对数据主体作出具有法律影响或类似重大影响的决定时，数据主体有权反对此决定。

2. 发布使用指南对人脸识别进行严格限制

2019 年 11 月，欧盟基本权利局发布《人脸识别技术：执法中的基本权利考虑》（Facial Recognition Technology：Fundamental Rights Considerations in the Context of Law Enforcement）[①] 报告，分析了人脸识别技术对基本权利的挑战，并要求实施基本权利影响评估。出于对公民基本权利的考虑，欧盟委员会曾在《人工智能白皮书》（草案）中考虑对公共或私人机构在公共场所使用人脸识别实施 3—5 年的禁止期。[②] 但是最终发布的《人工智能白皮书》（*White Paper on Artificial Intelligence*）删除了禁止人脸识别的内容。虽然欧盟没有完全禁止人脸识别，但是提出了非常严格的

---

① European Union Agency for Fundamental Right，“Facial Recognition Technology：Fundamental Rights Consideration in the Context of Law Enforcement”，April 25，2021，https：//fra. europa. eu/sites/default/files/fra_ uploads/fra-2019-facial-recognition-technology-focus-paper. pdf#：~：text = Facial% 20recognition% 20technology% 3A% 20fundamental% 20rights% 20considerations% 20in% 20the，determine% 20whether% 20they% 20are% 20of% 20the% 20same% 20person.

② *MIT Technology Review*，Mon. 17，2020，https：//www. technologyreview. com/2020/01/17/238092/facial-recognition-european-union-temporary-ban-privacy-ethics-regulation/.

使用条件，如要求通过安全测试和资质审核才能进入市场，而且只能基于正当和相称的目的，并具备足够的安全保障。[①] 欧盟对人脸识别的态度经历了从严格禁止到严格适用的转变[②]，2021 年 2 月，欧盟发布《人脸识别指南》（*Guidelines on Facial Recognition*）[③]，以指导各类主体合规使用人脸识别。

3. 通过透明度报告、数据保护影响评估、审计机制等保障人脸识别的可问责性

根据欧盟《人脸识别指南》，开发者应保证数据和算法的质量，遵守数据保护原则。对于使用者而言，私营主体仅在受控的环境（指需要当事人参与）下使用人脸识别，应确保数据主体自愿作出同意。明确禁止私营主体在购物中心等不受控的环境（指个人可以自由出入的地方）运用人脸识别，特别是为营销目的或非公共安全目的。不管是公共机构还是私营主体，都应保证数据处理的合法性和保障数据安全，同时采取措施保证可问责，包括：发布透明度报告，对处理人脸识别数据的主体提供培训方案和审计程序，要求成立评审委员会评估和批准人脸数据的处理，

---

① *White Paper on Artificial Intelligence-A European approach to excellence and trust*, Feb. 19, 2020, https://ec. europa. eu/info/sites/info/files/commission-white-paper-artificial-intelligence-feb2020_ en. pdf.

② 林凌、贺小石：《人脸识别的法律规制路径》，《法学杂志》2020 年第 41 期，第 68—75 页。

③ “Directorate General of Human Rights and Rule of Law”, *Guidelines on Facial Recognition*, Mon. 28, 2021, https://rm. coe. int/guidelines-on-facial-recognition/1680a134f3.

公共部门使用人脸识别前应在公共采购程序中实施事前评估等。欧盟《人脸识别指南》还重申了使用人脸识别的主体应进行数据保护影响评估，因为人脸识别涉及对生物特征数据的处理，对数据主体的基本权利构成高风险。相关主体在影响评估中应阐述的内容包括：使用人脸识别技术的合法性，涉及哪些重要的基本权利，数据主体的脆弱性以及如何降低风险。

4. 由数据保护机构负责对人脸识别进行监督执法

在欧盟层面，欧盟数据保护委员会（英文简称“EDPB”）负责监督执行数据保护规则，促进各成员国监管机构间的合作。EDPB 有一个常设秘书处，被称为欧洲数据保护专员公署（英文简称“EDPS”），它是一个独立的执法机构。在成员国层面，法国设立的国家信息与自由委员会（英文简称“CNIL”）于 2019 年发布关于人脸识别的报告。2019 年 9 月，瑞典数据保护局（英文简称“DPA”）依据 GDPR 对一所学校开出罚单。DPA 认为该校使用人脸识别进行考勤，违反了 GDPR 中关于隐私保护的规定，且在开始人脸识别项目时，学校未向 DPA 进行备案，也未做合理评估。

（二）美国对人脸识别的治理政策与实践

在治理政策方面，美国在联邦层面暂时没有统一的法律规制人脸识别，有的州发布了法案限制公共机构使用人脸识别，有的州直接禁止公共机构或学校使用人脸识别。华盛顿州《人脸识别服务法》(*Facial Recognition Bill*)[①] 和加利福尼亚州《人脸识别法》(*Facial Recognition Technology*)[②] 分别提出了具体的监管措施，给出了多个治理工具。在实践方面，美国的司法诉讼和行政执法都取得了一些进展，并且对违规主体的惩罚力度较大。

1. 目前各个州采取不同的治理政策

在2019年，美国国会曾两次审议《商用人脸识别隐私法》(*Commercial Facial Recognition Privacy Act of 2019*)[③]，该法案禁止实体收集、处理、存储或控制人脸识别数据，除非满足以下条件：其一，提供文件解释人脸识别的功能和局限；其二，告知用户对所收集的人脸数据进行合理和可预见的使用后，获得用户的明示同意。该法案禁止人脸识别数据的控制者实施以下行为：其一，对终端用户歧视；其二，用于终端用户无法合理预见的目的；其三，未获得终端用户同意而与第三方分享数据；其四，以终端用户提供同意作为使用产品的条件。这部法案针对的是商业主体，目的是保护消费者，所以执法机构为美国联邦贸易委员会

---

① *Facial Recognition Bill*, *March* 6, 2020, https://app.leg.wa.gov/billsummary?BillNumber=5528&Year=2019.

② *Facial Recognition Technology*, May 12, 2020, https://leginfo.legislature.ca.gov/faces/billTextClient.xhtml?bill_id=201920200AB2261#:~:text=%20Facial%20recognition%20technology.%20Existing%20law%2C%20the%20California, delete%20personal%20information%20about%20the%20consumer%2C%20as%20specified.

③ *Commercial Facial Recognition Privacy Act of* 2019, Mar. 14, 2019, https://www.congress.gov/bill/116th-congress/senate-bill/847/text.

（英文简称“FTC”）。后来，在2020年2月，两位民主党议员向参议院提出了《符合伦理的使用人脸识别法案》（*Ethical Use of Facial Recognition Act*）[①]，要求在国会发布人脸识别使用指南前，非经授权政府机构不得使用人脸识别。

目前，美国在联邦层面暂时没有统一的法律规制人脸识别，多个州发布了适用于本州的法案，如华盛顿州的《人脸识别服务法》和加州的《人脸识别法》。有一些州或城市的政策非常严厉，包括旧金山、马萨诸塞州的萨默维尔、奥克兰、加州伯克利等直接禁止政府机构使用人脸识别。2020年12月，纽约州通过一项法案规定在2022年7月1日前，任何学校不得购买或使用包括人脸识别在内的生物识别技术，除非经过相关部门的特别批准。

2. 通过人工审查、测试、培训、问责报告机制和赋予个体抗辩权保证人脸识别的合规使用

第一，增加人工审查。如果使用人脸识别作出对个人产生法律效力或具有类似重大影响的决定，应该保证该决定受到人工审查。对个人产生法律效力或具有类似重大影响的决定，是指导致提供或拒绝提供金融和贷款服务、住房、保险、教育入学、刑事司法、就业机会、医疗服务或获得基本生活必需品（如食物和水）或影响个人公民权利的决定。

---

① *Ethical Use of Facial Recognition Act*, Feb. 12, 2020, https://www.congress.gov/bill/116th-congress/senate-bill/3284/text.

第二，对人脸识别进行独立的测试。为避免种族歧视，公共机构应该要求人脸识别服务商提供接口或技术能力，对人脸识别进行独立测试。

第三，对运营人员进行培训。必须对人脸识别的运营人员进行定期培训，包括人脸识别的功能和限制等。

第四，应编制问责报告，引入社会公众参与并接受立法机构的监督。开发和使用人脸识别的政府机构应向立法机构提交意向通知（notice of intent），并编制问责报告。问责报告包括：人脸识别的供应商情况、功能情况、数据处理情况等；数据管理政策；保护数据和应对漏洞的安全措施；说明人脸识别对公民权利和自由的影响，并采取减轻影响的措施；明确反馈流程。问责报告引入了社会公众参与机制，并受到严格的程序限制。公众参与原则表现为：其一，问责报告定稿前，公共机构应组织咨询会议，考虑公众提出的问题。其二，公共机构使用人脸识别前 90 天应向社会公众发布最终的问责报告。问责报告应每两年更新一次，并提交至立法机构受到监督。

第五，赋予个人诸项抗辩权利。根据加州《人脸识别法》，个人有权确认控制者是否将个人的图像登记于人脸识别服务中，有权对人脸识别的决定进行纠正或提出挑战，有权删除人脸识别服务中的个人图像或人脸样本，有权撤回使用人脸识别的同意等。

3. 司法诉讼与行政执法并行，而且处罚手段严厉

2020 年，Facebook 因人脸识别引发的集体诉讼赔偿 5.5 亿美元。起因是 Facebook 违反了美国伊利诺伊州的《生物信息隐私法案》，即 Facebook 未经用户许可并告知使用期限的情况下，从该州数百万用户的照片中获取人脸数据。Facebook 同意向符合条件的用户支付 5.5 亿美元和解费用和案件诉讼费。在行政执法上，美国 FTC 严厉处理了 Everalbum，因其在默认情况下为所有用户启用人脸识别，且无法手动关闭。媒体还披露该公司利用收集的用户照片训练人脸识别算法，但未在隐私条款中写明，严重侵犯了用户的隐私权。FTC 最终要求该公司删除数据和算法。

（三）从欧盟与美国的治理政策中获得的启示

社会公众对人脸识别的态度深受一国的政治环境、社会文化以及伦理道德准则的影响，因各国的国情大相径庭，我们借鉴欧美政策时，应避免简单移植。

1. 政治、社会和文化影响了欧美的治理态度

首先，在政治方面，西方对政府监控充满恐惧。“二战”期间，人的人格尊严遭受过严重践踏，特别是纳粹政府对犹太人的迫害，使人们对政府收集个人信息充满了担忧。如果人脸识别被大规模用于公共领域，当权者可以精准识别每个人，实现严密的监控。对此，欧美特别关注限制公共机构使用人脸识别，尽管公

共机构将人脸识别用于维护安全，也受到质疑和挑战。2021 年 6 月 21 日，欧盟 EDPB 和欧盟 EDPS 联合呼吁禁止在公共场所使用人脸识别，反对出台允许因公共安全使用人脸识别的人工智能法案。在美国，美国公民自由联盟（英文简称“ACLU”）在支持旧金山《停止秘密监控条例》时提出：“如果允许政府通过人脸识别技术对人们进行监控，它将会压制公民参与、加剧警务歧视，彻底改变人们生存的公共空间”。《萨默维尔市禁止人脸技术监控条例》也指出：“公共部门使用面部监视将使宪法所保护的言论自由受挫。”

其次，在社会背景方面，西方社会宗教矛盾和种族矛盾激化，少数族裔长期受到歧视，西方对因宗教信仰、族群、性别等差异产生的偏见高度敏感。在美国，长达数百年的奴隶制导致黑人受歧视的问题非常严重。2020 年 5 月，美国警察暴力执法导致黑人乔治·弗洛伊德死亡，引发了社会对种族歧视的强烈抗议，也引起社会公众对人脸识别存在歧视缺陷的警觉。2018 年，美国一项研究显示，被识别人肤色越暗，人脸识别错误发生率就越高。研究人员分别用三款人脸识别系统对非洲国家的 1000 多名议员照片进行人脸识别，白人识别率远高于黑人。英国《每日邮报》报道，伦敦一位黑人男子上传头像照片时，因嘴唇厚被人脸识别认定为张着嘴，这种简单的识别误差被认为存在种族偏见。因此，欧美都非常担心人脸识别会加剧种族歧视。

最后，在文化上，西方非常看重个人隐私和绝对自由。欧洲人将隐私看成尊严，美国人将隐私当成自由。[①] 欧洲大陆保护隐私的核心是对个人尊严权利的保护，他们认为隐私的一个重要敌人是媒体，因为媒体经常使用伤害尊严的方式报道个人信息。在美国，人们趋向于尊崇自由的价值，特别是个人反抗国家非法侵害的自由价值。美国的隐私权是禁止国家非法侵扰的自由价值，特别是在个人住宅内不受外来的包括国家的侵扰。美国人认为隐私权的最大威胁是"住宅的神圣性"会被政府侵犯，他们渴望能在自己的住所内维持一种对住宅的私人的至高无上的统治。或许因为欧美隐私权法律文化的不同，欧洲关注人脸识别可能导致的个人信息泄露，而美国关注公共机构滥用人脸识别侵犯个人的自由。

2. 欧美的治理思路和制度工具值得借鉴

首先，重视构建数据规则严格保护生物特征信息。在欧盟，GDPR 在保护生物信息上具有重要的借鉴意义。GDPR 第四条规定"生物数据"包括"面部图像"，第九条规定包括生物数据在内的特殊类型的个人数据处理规则。GDPR 要求处理生物数据应遵循"原则禁止，特殊例外"的原则。在美国，各个州在不同法律文件中规定了保护个人信息。伊利诺伊州的《生物信息隐私法》要求私人实体收集个人的生物信息前，提供通知且获得同

① 王利明：《美欧的隐私权存在差别》，《北京日报》2015 年 4 月 27 日。

意，并禁止任何拥有生物识别符或生物信息的私人实体出售、租赁、交易或以其他方式从个人或客户的生物识别符或生物信息中获利。加利福尼亚州、伊利诺伊斯州、得克萨斯州和华盛顿州等也发布过隐私法案，要求企业收集生物信息时告知个人，且收集生物信息前获得同意。

其次，通过影响评估（或问责报告）、技术手段和伦理标准增强人脸识别的可问责性。在欧盟，相关机构提出了包括透明度报告、数据保护影响评估、审计等在内的机制设计保障人脸识别的可问责性。在美国，相关法案要求以人工审查、测试、培训、问责报告和赋予个体抗辩权保证人脸识别的合规使用。

第三，依据风险预防原则实现对人脸识别的差异化治理。风险预防原则来源于德国环境法，并在环境治理领域被广泛运用。强风险预防原则要求政府在缺乏科学证据的情况下也要采取预防措施，弱风险预防原则要求政府在采取预防措施前对成本与收益进行分析。[①] 欧盟呼吁禁止公共机构在公开场合使用人脸识别和美国个别州通过立法禁止政府机构使用人脸识别都体现了强风险预防原则。欧盟对人脸识别在商业领域的运用没有明文禁止，商业主体使用人脸识别应严格遵守 GDPR 的规定和《人脸识别指南》的要求。美国国会审议的《商用人脸识别隐私法》原则上允

① 王子灿：《由〈大气污染防治法（修订草案）〉论环境法中风险预防原则的确立》，《环境与可持续发展》2015 年第 3 期，第 142—145 页。

许将人脸识别用于商用，但要遵守严格的条件。可见，欧美对政府机构与商业机构这两类使用主体采取了差异化的治理方案，即在公共场合使用人脸识别秉持强风险预防原则，在商业应用中坚持弱风险预防原则。总之，欧盟和美国都从数据、算法和技术应用三个层次对人脸识别采取全链条的治理措施，形成了公共问责与个体私权保护的双轨模式。

3. 基于中国国情制定治理策略

我们应坚持在中国的价值体系下认识人脸识别的风险类型和程度，提出合适的解决方案。

首先，中国人更具有集体观念，公共机构坚持“以人民为中心”，国家经济发展壮大、法治形成的过程更强调社会本位，重视平衡个人权利的保护与社会科技的发展。① 公共机构严格按照法律法规基于维护公共安全的目的使用人脸识别，可以提高社会治理水平，获得人们的信任和支持。综合考虑我国民众对公共机构的信赖、对自由价值的态度以及民众与警察的关系，② 我们不应学习西方部分地区采取严格禁止的政策。

其次，目前中国数据保护规则尚不完善，人脸识别作为重要的生物特征信息无法受到法律保护，个人的各项数据权利未有法

① 李庆峰：《人脸识别技术的法律规制：价值、主体与抓手》，《人民论坛》2020 年第 11 期，第 108—109 页。

② 邢会强：《人脸识别的法律规制》，《比较法研究》2020 年第 5 期，第 51—63 页。

律明确规定。我们需要加快数据规则的立法，构建用户同意制度，为公民的权利保护和救济提供法律保障[①]，并对违法的数据处理行为进行重拳整治。

最后，我们需要采取制度性工具规范算法的开发、设计和应用，包括算法的测试机制、审计机制、问责机制等。同时，应在技术的应用层面建立起分级分类和分场景的监管机制，明确监管机构，避免监管“真空”。

中国人脸识别的本土化治理路径

回顾人脸识别在中国的发展历程，中国总体上秉持发展与规范并重的原则，坚持了“管、促、创”的政策理念。在人脸识别的发展初期，中国出台了一系列助力技术创新和促进产业发展的政策。2017 年 7 月，国务院发布的《新一代人工智能发展规划》指出，研发视频图像信息分析识别技术、生物特征识别技术的智能安防与警用产品。2019 年 9 月，中国人民银行印发《金融科技（FinTech）发展规划（2019—2021 年）》提出充分利用可信计算、安全多方计算、密码算法、生物识别等信息技术。《安全防范视频监控人脸识别系统技术要求》《信息安全技术网络人脸识别认

① 商希雪：《生物特征识别信息商业应用的中国立场与制度进路鉴于欧美法律模式的比较评价，《江西社会科学》2020 年第 2 期，第 192—203、256 页。

证系统安全技术要求》等标准也为人脸识别在金融、安防、医疗等领域的运用提供了指引，扫清了政策障碍。人脸识别获得快速发展后，治理问题逐渐显现，发展与监管的矛盾激化，亟需探索和健全人脸识别的治理政策。

（一）中国人脸识别治理存在的主要问题

1. 对生物特征信息的保护和人脸识别的规范缺乏细致的法律规则

虽然《中华人民共和国民法典》《中华人民共和国网络安全法》和《中华人民共和国电子商务法》都对个人信息的保护有原则性规定，但是缺乏细致的法律规则，导致人脸这一生物特征信息保护不足。如在浙江杭州野生动物世界“刷脸案”中，法院依据合同法进行了判决。宁波市市场监督管理局依据《中华人民共和国消费者权益保护法》对违规使用人脸识别的房地产企业进行调查和处罚。虽然中国发布了一些标准，包括《信息安全技术个人信息安全规范》《信息技术生物特征识别应用程序接口》《公共安全人脸识别应用图像技术要求》以及《App 收集使用个人信息最小必要评估规范人脸信息》等，这些标准对收集人脸信息的告知和存储要求进行了规定，但是这些标准不具有强制的法律约束力，对行业的规范作用不足。

一些部门在具体应用场景中对人脸识别进行了规定，如中国人民银行2016年发布的《关于落实个人银行账户分类管理制度的通知》规定："有条件的银行，可以通过视频或者人脸识别等安全有效的技术手段作为辅助核实个人身份信息的方式。"中国支付清算协会2020年发布《人脸识别线下支付行业自律公约(试行)》，要求各个会员单位"建立人脸信息全生命周期安全管理机制"，分别对数据采集环节、存储环节、使用环节提出具体要求，还要求"应根据用户意愿，为其提供开通或关闭刷脸支付服务"。但这些规定仅适用于金融行业，仅规范了部分应用场景，还有很多场景缺乏规则。

2. 各地立法或治理政策不一致，缺乏框架性和体系化的治理机制

新施行的《天津市社会信用条例》禁止企事业单位、行业协会、商会等采集人脸、指纹、声音等生物识别信息。南京市住房保障和房产局要求楼盘售楼处未经同意，不得拍摄来访人员的面部信息。经修订的《杭州市物业管理条例》规定，物业不得强制业主通过指纹、人脸识别等生物信息方式使用共用设施设备。徐州市住房和城乡建设局要求售楼处不得使用"人脸识别"系统。2021年3月，深圳就《深圳经济特区公共安全视频图像信息系统管理条例（草案)》征求意见，禁止和限制监控摄像头的安装范围，并要求设置明显提示标识。因为缺乏统一的上位法，各地出台各自的政策，各地规范零散和混乱，不利于人脸识别的全国应

用。我国缺乏框架性治理方案和制度性治理工具，加剧了技术运用发展与社会公众利益保护之间的矛盾。

3. 缺少统一权威的监管主体，造成行业监管不及时和不充分

中华人民共和国国家互联网信息办公室主要负责互联网信息内容的管理，有权对线上 App 涉及个人信息收集或人脸识别运用的情况进行监管。2020 年 12 月，网信办发布《常见类型移动互联网应用程序（App）必要个人信息范围（征求意见稿)》，该文件规定了地图导航、网络约车、即时通信等 38 类常见类型 App 必要个人信息范围。国家公安机关是公共安全视频图像信息系统的主管部门，有权就视频图像设备进行监督管理，根据《公共安全人脸识别应用图像技术要求》，公安部是主管部门。市场监管机构负责监管企业的经营行为和保护消费者权益，有权对开发和运用人脸识别的企业进行监管，2021 年“3・15 晚会”曝光门店滥用人脸识别的线索后，各地市场监管机构对违规安装摄像头的商家进行突击检查。对此，2021 年“两会”期间，有建议由公安部门承担人脸识别应用的审批与监管职能，也有建议工信部、市场监管总局联合出台规定，要求所有提供人脸识别功能的应用备案后方可销售，手机应用由地方工信部门备案，设施设备由地方市场监督管理部门备案。也有观点提出由工信部牵头，联合网信办、公安部、市场监督管理总局共同建立人脸识别记录数据库。为尽快实现审批或备案制度，必须明确统一的主管机构并建立多

部门的协调机制。

（二）提升人脸识别治理能力的政策建议

中国人脸识别的技术水平处于世界领先地位，主要得益于国内包容审慎的政策环境和多元的应用场景。如今人们对人脸识别带来的滥用风险、安全风险和隐私风险充满担忧，亟需治理框架。智能社会的治理是一项复杂的系统工程，需要国家、行业、组织和公民个人等共同参与。[①] 对人脸识别的治理应该采取协同治理的方式，实现多方主体共同参与。应注重规则塑造，实现分场景监管，坚持以“场景驱动”识别治理目标和内容，构建差异化治理的案例池和数据库。[②] 具体的监管措施可以从数据、算法和技术运用三个环节展开，实现全过程治理。

1. 规范数据收集与流转，净化数据产业链

数据是算法的“原料”，要对整个数据产业进行整治，打击“数据黑产”，建立行业标准，推行数据资质，建立健全数据流通机制，保障人工智能企业获得健康的数据“喂养”。

首先，规范人脸信息的收集、传输、存储和使用。为开发和运营人脸识别制定人脸信息处理规范：收集人脸信息前，人脸识

① 张文显：《构建智能社会的法律秩序》，《东方法学》2020 年第 5 期，第 4—19 页。

② 梁正、余振、宋琦：《人工智能应用背景下的平台治理：核心议题、转型挑战与体系构建》，《经济社会体制比较》2020 年第 3 期，第 67—75 页。

别开发者或运营者须履行告知义务，以通俗、易懂且明确的语言书面告知用户处理人脸信息的方式、用途和存储周期等，并获得用户的明示同意。收集人脸信息后，人脸识别开发者或运营者须采取技术措施安全保存人脸信息，不得对外公开或交易。为了保障用户拥有选择权，应该提供替代方案，不管哪个主体运营人脸识别，人们均有权拒绝“刷脸”。[①] 考虑到人脸识别设备可以隐蔽地收集人脸信息，应该在摄像头安装处张贴告示，让用户知悉自己正在被抓拍，并给予用户选择退出和要求删除自己相关信息的权利，严格保障用户的各项数据权利。对于非必要存储照片信息的应用场景，如测温或客流统计，应该自动删除抓取的照片。

其次，要求人脸识别运营者具备数据安保能力。人脸识别开发者或运营者的数据存储能力应成为风险评估的重点，原则上禁止开发者或运营者存储原始的人脸信息，即使存储了人脸信息也应该与其他个人信息相隔离，同时采取匿名化的技术手段去除个人标识性。开发者或运营者在日常管理上应该建立健全的数据管理机制和完善的系统权限管理制度，避免用户滥用管理权限，造成数据泄露或滥用人脸识别。网络安全攻击时有发生，个人信息泄露事件频发，保障人脸信息处理者的数据安保能力非常紧迫，可以对人脸识别开发者或运营者进行备案并形成追责机制，应将

① 邢会强：《如何对人脸识别进行法律规制》，《经济参考报》2020 年 12 月 22 日第 8 版。

他们的资质情况和数据安保情况向社会公示，让社会公众参与监督。

最后，加强执法严厉打击违法的数据处理行为。《网络安全法》将个人生物识别信息纳入个人信息范围。《民法典》规定，收集、处理自然人个人信息的，应当遵循合法、正当、必要原则，征得该自然人或其监护人的同意，且被采用者同意后有权撤回。《个人信息保护法》对图像采集、个人身份识别进行了明确规定。2020 年新版《信息安全技术个人信息安全规范》也对个人生物识别信息的收集、存储和披露等环节进行了明确规定。“徒法不足以自行”，这些法规需要严格执行才能产生威慑力，监管机构应该开展强有力的执法行动。

2. 为算法建立资质标准，保障算法的安全性和准确性

算法是人脸识别的核心，直接影响人脸识别的准确性、安全性和运行效率。应加强对算法的审计评估，保障行业采用优质算法。

首先，为算法设立行业准入标准和资质要求。个别企业的违规经营会影响整个行业的发展，为防止不良企业破坏行业健康生态，应对算法进行市场准入规范，如要求对算法进行备案或要求主体获得数据管理资质。算法备案管理制度已经在金融行业进行了尝试，如《关于规范金融机构资产管理业务的指导意见》规定，“金融机构应当向金融监督管理部门报备人工智能模型的主

要参数以及资产配置的主要逻辑”。制定行业准入标准避免那些无规则意识的企业扰乱市场秩序，如在小区部署人脸识别的场景中，技术提供方 A 的产品具有严格的加密与分级管理技术，可以防止第三方导出数据，而技术提供方 B 的产品没有此类安全保障机制，但价格低廉。如果没有安全能力方面的行业标准或资质要求，客户可能选择价格便宜、安全性能低、导出信息方便的产品，这样安全性能好的产品无法在自由竞争的市场下立足，因而需要制定行业准入标准和行业规范避免“劣币驱逐良币”。

其次，通过技术创新保障算法的安全性和准确性。设计算法时可能受到人的影响，存在一些人为的歧视因素。算法容易受到训练数据的影响，训练数据的质量和类型影响算法的识别效果。算法开发者应该保证有高质量的训练数据，通过保障数据的全面性和充分性，避免区域差异、种族差异和性别差异。还应规范算法设计者的行为，避免人为设计的歧视。应加强算法和数据方面的技术创新，如研究安全多方计算、同态加密、差分隐私等方法，在技术上保护隐私和数据安全。①

最后，明确算法监管机构与监管职责，建立算法评审机制。脆弱性、缺乏可解释性、较弱的对抗性是人工智能面临的三大技术瓶颈，也是人工智能带来风险的主要原因。应高度重视对算法

① 杨庚、王周生：《联邦学习中的隐私保护研究进展》，《南京邮电大学》（自然科学版）2020 年第 40 期，第 204—214 页。

的监管，明确监管机构和职责，并对滥用人脸识别的行为开展专项执法行动。应建立算法评审机制，开发者推出算法前，应通过伦理评审，评审依据包括社会公德、伦理道德、数据安全隐私等，评审重点包括算法识别的准确度、公平性、安全性等。可以通过行业组织和第三方评估机构，搭建算法的检测评估平台，制定算法、隐私安全检测方法和指标，开发检测工具，实现定期回访和信息反馈，通过动态评估实现检测的时效性和客观性。

3. 划定运用场景界限，防止技术滥用

技术本身是中立的，但是容易被滥用。应建立人脸识别影响评估机制，明确人脸识别的应用场景界限。

首先，建立人脸识别影响评估机制，实现差异化治理。国内有学者提出为算法构建影响评估机制，对自动化决策系统的应用流程、数据使用和系统设计等评判，明确系统的影响水平和风险等级。[①] 环境影响评价是算法影响评估的制度渊源，环境影响评价机制在环保领域是一种较为成熟和成功的治理实践。[②] 结合欧盟的数据保护影响评估制度和美国的问责报告制度，人脸识别影响评估机制是实现风险预防的重要举措。总结目前人脸识别的运用场景，将运营者分为公共机构和商业机构，因两者在目的、管

① 张欣：《算法影响评估制度的构建机理与中国方案》，《法商研究》2021 年第 38 期，第 102—115 页。

② 李安：《算法影响评价：算法规制的制度创新》，《情报杂志》2021 年第 40 期，第 146—152、161 页。

理能力和技术水平上存在差异，应遵守不同的行为准则，对两者评估的标准和内容也应有差别（参见表 10. 2）。

表 10. 2 **人脸识别影响评估的主要内容**

部署主体	评估框架		
	评估标准	评估内容	定期审计
公共机构	•合法性：法定职责范围内，保证内容合法和程序合法。 •正当性：目的正当。 •必要性：收集数据的类型和规模坚持最小够用标准，应用范围和方式与目的相称。	•对公民的哪些权利有影响和影响程度； •自动化程序是否有人工审查； •算法的准确性和安全性； •数据收集、存储的正当性； •网络安全保障能力。	•错误率情况； •安全保障、人工审查的落实情况； •数据泄露或侵犯隐私的事故情况； •用户投诉反馈情况。
商业机构	•合法性：用户知情、同意。 •正当性：追求合法利益。 •必要性：收集数据的类型和规模坚持最小够用标准，应用范围和方式与目的相称。	•运营主体的资质； •对公民的哪些权利有影响和影响程度； •自动化程序是否有人工审查； •算法的准确性和安全性； •数据收集、存储的正当性； •网络安全保障能力； •用户是否拥有选择权和退出权。	•运营主体变动情况； •错误率情况； •安全保障、人工审查的落实情况； •数据泄露或侵犯隐私的事故情况； •用户投诉反馈情况。

其次，引入公众参与，广泛听取用户的意见。涉及公众的人脸识别运用应该广泛听取民意，让公众参与到人脸识别的影响评估中，并对技术提供者的方案和设备进行评价，对运营者的日常运营进行监督。在环境评价机制中，公众参与是重要内容，环境

影响评价公众参与是指相关单位在判定影响、编制文件以及审批与实施过程中，公众以听证、质询和发布意见的方式约束环境影响评价文件的批准，并监督其实施。[①] 人脸识别影响评估机制应该引入公众参与，如影响评估过程应邀请相关公众参与讨论发表意见，评估结果应对相关公众公开，评估结束后应建立反馈渠道，持续听取公众的意见。

最后，综合采用惩罚性和激励性治理措施，避免出现“伦理洗白”。人工智能是一个复杂的领域，监管者缺乏必要的资源或信息，治理人工智能需要企业的自我治理。人工智能企业应主动开展法律和伦理的合规审查，出售技术时调查对方的使用目的，并对合作伙伴进行合规告知，要求对方合法部署和使用人脸识别，不得滥用技术。在内部，企业应聚焦管理制度建设，塑造以人为本的管理法则[②]，包括制定伦理标准、搭建伦理审查委员会，做好内部的伦理合规审查。人工智能企业应主动公开算法情况报告，让公众了解技术的利弊，减少信息不对称，提升大众对新技术的信任。国内企业有一些实践，如发布《人工智能应用准则》规范自身技术、产品落地边界，并在产品说明中附加《正确使用人工智能产品的倡议书》，倡导客户尊重终端使用者的权益。但

---

① 肖强、王海龙：《环境影响评价公众参与的现行法制度设计评析》，《法学杂志》2015 年第 12 期，第 60—70 页。

② 颜佳华、王张华：《构建协同治理体系推动人脸识别技术良性应用》，《中国行政管理》2020 年第 9 期，第 155—157 页。

是企业自我治理面临失效的问题，有的学者提出“伦理洗白”（ethics washing），指有的企业将伦理制度作为一种展示，实际上成为“逃避”强监管的工具。[①] 元规制（meta-regulation）指推动和监督自我规制，监管机构可以通过消极或积极的方式刺激企业采取自我规制措施。[②] 在惩罚方面，将企业遵守伦理标准的情况作为其融资贷款或上市的重要审核内容。在激励方面，建立评级制度，对企业进行打分和排名，让合规评级成为企业之间竞争的重要指标。

（曾雄，清华大学公共管理学院博士后；梁正，清华大学公共管理学院教授；张辉，清华大学公共管理学院博士后。）

---

① Wagner B.，“Ethics as an Escape from Regulation：From Ethics-Washing to Ethics-Shopping”，in Hildebrandt M.，editor，*Being Profiling*，Cogitas ergo sum. Amsterdam University Press，2018，pp. 86 – 90.

② ［英］罗伯特·鲍德温等编：《牛津规制手册》，宋华琳等译，上海三联书店2017年版，第63—183页。

十一　世界各国人工智能产业的发展

人工智能是新一代科技革命的核心技术，伴随着5G时代的到来，更是加速了人工智能关键技术研发和拓展应用，深刻影响世界各国生产生活，以及各国政治、经济、文化等多个方面的发展。为适应及抢占这一全球新科技革命发展先机，世界主要国家纷纷发力，制定发展战略和相关规划，竞争趋于白热化。但由于各国市场规模、技术水平、数据资源、法律法规、落地应用等情况不同，各国在人工智能领域的战略布局也有所不同。机遇与挑战并存，合作与竞争并存，这成为全球人工智能产业发展的战略要点。

美国发力保持人工智能全球领导地位

美国人工智能政策着力点在于保持美国对人工智能发展始终

具有主动性与预见性，对重要的人工智能领域，比如芯片、操作系统等计算机领域以及金融业、军事和能源领域，保持全球领先地位。美国自 2013 年开始发布多项人工智能计划，最早提及人工智能在智慧城市、城市大脑、自动驾驶、教育等领域的应用和愿景。

美国两任总统对待人工智能的态度及策略重点有所不同，总体来看，奥巴马较为积极，而特朗普则慢热。奥巴马十分关注人工智能相关领域的科技发展、市场应用和前沿政策问题。2016 年，美国奥巴马政府将人工智能上升至国家战略层面，从政策、技术、资金等方面给予一定的支持和保障，目标是投资研究，开发人工智能协作方法，解决人工智能的安全、道德、法律和社会影响，为人工智能培训创建公共数据集，并通过标准和基准评估 AI 技术。特朗普上任初期对于人工智能反应较为冷淡，但后期情况逐步改变。特朗普政府的人工智能发展目标是保持美国在人工智能方面的领导地位，支持美国工人，促进公共研发，消除创新障碍。此外，美国成立了人工智能特别委员会统筹协调产业发展，国防部还建立了“联合人工智能中心”，统筹规划建设智能化军事体系。2019 年 2 月，特朗普政府高调宣布要“维持美国人工智能领导力”的倡议，通过强化政策支持、推动国会立法、加大研发投入等多项措施，优先推进人工智能技术发展，力图保持人工智能时代“领头羊”地位。美国人工智能倡议从人—机—环境系统的角度出发，表现出“基础优先”、“资源共享”、“标准规范”、“人才培养”和“国际合作”五个关键特征。美国人工智能倡议发布后，国防部紧接着出台了人工智能发展细则，商务部成立了白宫劳动力顾问委员会，美国政府机构在人工智能领域的行动正在加速。

总体来看，美国重点布局互联网、芯片与操作系统等计算机软硬件、金融、军事以及能源等领域，目的是为保持其全球技术领先地位。美国在整体的人工智能规划中，力图探讨人工智能驱动的自动化对经济的预期影响，重视研究人工智能对社会就业带来的机遇和挑战，进而提出相应技术与措施。

日本强调以人为中心发展人工智能

日本主张在推进人工智能技术研发时，综合考虑其给人类、社会系统、产业构造、创新系统、政府等带来的影响，构建能够使人工智能有效且安全应用的“AI-Ready 社会”。日本人工智能发展“路线图”主要分三个阶段，希望通过人工智能的运用，实现生产、流通、医疗与护理等领域效率的大幅提高：第一阶段，2020 年前后，确立无人工厂、无人农场技术；普及利用人工智能进行药物开发支援；通过人工智能预知生产设备故障。第二阶段，未来 5—10 年，实现人员和货物运输配送的完全无人化，推进铁路和卡车等交通工具的无人化，连接小型无人机和物流设施，构筑在最恰当时机配送的机制；实现针对个人的药物开发；机器人协调工作，利用人工智能控制家和家电等。第三阶段，2030年之后，看护机器人成为家里的一员；普及移动的自动化、无人化“将人为原因的死亡事故降至零”；通过人工潜在意识，可视化“想要的东西”。

日本人工智能政策的发展重点在于大力发展人工智能，保持并扩大其在汽车、机器人等领域的技术优势，逐步解决人口老龄化、劳动力短缺、医疗及养老等社会问题，扎实推进其超智能社会5.0建设。就具体技术的发展方向而言，日本将重点放在了“以信息通信技术为基础（灵活运用大数据）的人工智能技术”和“以大脑科学为基础的人工智能技术”上，同时将“物联网”整合进信息科学的人工智能技术发展方向。

中国从应用层发力带动人工智能产业发展

党的十八大以来，中国已经将人工智能相关产业发展上升为国家战略，从中央政府到各级地方政府，自上而下紧锣密鼓，大力推动人工智能产业发展，对人工智能发展做出全方位的指导和规划。

在顶层设计上，我国国家领导人在诸多会议上指出，目前是我国抓住新一轮工业革命机遇的重要时期，互联网、人工智能、数字经济是本轮工业革命发展的重中之重，我国应充分发挥国家优势推动产业发展，促进人工智能与实体经济深度融合，加速技术落地，做好充足准备积极应对新技术带来的挑战。2018 年 10 月 31 日，中共中央政治局就人工智能发展现状和趋势举行了第 9 次集体学习，会上习近平总书记做出重要讲话。习近平总书记认为，人工智能是引领这一轮科技革命和产业变革的战略性技术，具有溢出带动性很强的“头雁”效应；加快发展新一代人工智能是我们赢得全球科技竞争主动权的重要战略抓手，是推动我国科技跨越发展、产业优化升级、生产力整体跃升的重要战略资源。习近平总书记在主持学习时就提出了“AI +”战略的雏形，指出要促进人工智能同一、二、三产业深度融合，以人工智能技术推动各产业变革，在中高端消费、创新引领、绿色低碳、共享经济、现代供应链、人力资本服务等领域培育新增长点，形成新动能。国家在移动互联网、大数据、超级计算、传感网、脑科学、无人驾驶、智能机器人等软硬件领域综合布局、全面发展，战略分工明确，以求弯道超车。

在地方层面，已有包括北京、上海、广东、江苏、安徽、浙江等近 30 个省区市及地区发布人工智能规划，并且各地在规划发布之后通过举办人工智能大会、成立地方产业联盟、与知名高校及企业组建联合实验室等多种形式引进人才与项目，并积极推动人工智能技术在安防、教育、医疗、公检法、智慧城市等众多领域落地。

欧盟致力于构建可信人工智能

欧盟认为人工智能必须在充分的监督和控制下发展。在应用人工智能时，必须构建安全、可信的人工智能，确保人工智能尊重人权、民主和法制的基础。欧盟积极研究人工智能发展带来的“劳动者被替代”和“人工智能偏见”问题，倡导研究和制定人工智能道德准则，确立适当的道德与法律框架。欧盟在发展人工智能的道路上，积极团结成员开展讨论。相对于美国和中国主张技术发展的战略而言，欧盟更加注重人工智能对人类社会的影响，其研究内容涉及数据保护、网络安全、人工智能伦理等社会科学方面。2018 年 4 月，欧洲 25 个国家签署了《人工智能合作宣言》，共同面对人工智能在社会、经济、伦理及法律等方面的机遇和挑战。同年 12 月，由欧盟委员会任命的欧盟人工智能高级专家小组（AI HLEG）发布了人工智能（AI）开发和使用的道德草案——《可信 AI 道德准则草案》，提出了可信 AI 应该遵守的基本原则、构建可信 AI 的具体要求、实现方法以及评估 AI 可信度的指标。

在应用领域，欧盟十分关注人工智能基础研究，以及人工智能在金融经济、数字社会、教育等领域的应用。总体而言，在技术和产业不占特别优势的情况下，欧盟人工智能战略的重头戏放在了人工智能价值观上，强调人工智能伦理、道德、法律体系研究，积极推进人工智能伦理框架的确立。

德国以工业4.0带动人工智能发展

一直以来，德国始终关注技术对经济和生活的影响，寻求科研向成果的广泛转化。德国人工智能的发展呈现“政府引领、市场跟进”、政府与市场良性互动的特点。德国政府在工业机器人发展的初期阶段发挥了重要作用。例如在20世纪70年代中后期，德国政府为推行“改善劳动条件计划”，强制规定部分有危险、有毒和有害的工作岗位必须用机器人来代替人工，为机器人的应用开拓了初始市场。在技术突破上，德国明确将其人工智能战略聚焦于“弱人工智能”，并将机器证明和自动推理、基于知识的系统、模式识别与分析、机器人技术、智能多模态人机交互作为五个突破方向。在行业分布上，德国的人工智能产业发展以智能机器人为重点，推行以“智能机器人”为核心的“工业4.0”计划，并大力发展自动驾驶汽车。联邦经济部的“工业4.0自动化计划”的15个项目中涉及机器人项目的就有6个。

德国也非常重视中小企业，政府不但为中小企业提供资金支持，还将为这些企业在数字技术和商业模式等方面提供支持，助力中小企业为人工智能时代做好准备。此外，德国政府还将涵盖为人工智能相关重点领域的研发和创新转化提供资助，优先为德国人工智能领域专家提高经济收益，尽快完成同法国合作建设的人工智能竞争力中心并实现互联互通，设置专业门类的竞争力中心，加强人工智能基础设施建设等。

英国借助人工智能科研创新优势提升整体实力

一直以来，英国是人工智能研究的重要学术重镇。牛津大学、剑桥大学、帝国理工学院及伦敦大学学院等高校、研究机构都在人工智能和机器学习领域有深厚的积累。英国政府立足雄厚的科研创新优势，先后出台多项政策，通过支持人工智能创新、促进人工智能应用、为人工智能研究提供支持、培养引进人工智能人才、改进数据基础设施、开发公平安全的数据共享框架、打造创业环境等方面促进人工智能发展，力图保持人工智能领先地位。2016 年 10 月，英国下议院科学和技术委员会发布《机器人技术和人工智能》报告，阐述人工智能的创新发展带来的潜在伦理道德与监管挑战，侧重阐述了英国将会如何规范机器人技术与人工智能系统的发展，以及如何应对其带来的伦理道德、法律及社会问题。2016 年 11 月，英国政府科学办公室发布了《人工智能：未来决策的机会与影响》报告，阐述了人工智能对个人隐私、就业的影响，并指出人工智能在政府层面大规模使用的潜在可能性，就如何利用英国的独特人工智能优势，增强英国国力提出了建议。2017 年 10 月，英国政府发布了《在英国发展人工智能》报告，对当前人工智能的应用、市场和政策支持进行了分析，从数据获取、人才培养、研究转化和行业发展四个方面提出了促进英国 AI 产业发展的重要行动建议。该报告被纳入英国政府 2017 年《政府行业策略指导》白皮书中，作为英国发展人工智能的重要指引。2018 年 4 月，英国政府发布了《人工智能行业新政》报告，涉及推动政府和公司研发、STEM 教育投资、提升数字基础设施、增加 AI 人才和领导全球数字道德交流等方面内容，旨在推动英国成为全球 AI 领导者。

英国作为老牌的工业大国，在工业革命的时候引领全世界发达国家，而在人工智能的问题上，布局颇为深远。英国将大量资金投入人工智能、智能能源技术、机器人技术以及 5G 网络等领域，更加注重实践与实用，已在海域工程、航天航空、农业、医疗等领域开展了 AI 技术的广泛应用。同时，英国发展人工智能的另一特点是注重人工智能人才的培养，斥巨资吸引、培养 AI 人才。

法国急起直追打造人工智能经济体系

法国属于后发的强劲队伍之一，2017 年才开始积极布局发力人工智能。2013 年，法国政府推出了《法国机器人发展计划》，旨在创造有利条件，推动机器人产业持续发展，并实现“到 2020 年成为世界机器人领域前五强”的目标。2017 年 3 月，奥朗德政府时期，法国制定了《国家人工智能战略》，对发展人工智能的具体政策提出了 50 多项建议，包括完善科研成果商业化机制，培养领军企业、扶持新兴企业，加大公私合作、寻求大量公私资金资助，给予国家政策倾斜并建立专门执行机构等，以动员全社会力量共同谋划促进人工智能发展，确保法国保持领先地位。2018 年 3 月，法国总统马克龙宣布，截至 2022 年，预计在人工智能领域投入 15 亿欧元的公共资金，用来扭转人才外流，并追赶美国和中国等科技巨头。

法国人工智能战略主要包括：巩固和完善法国和欧洲的人工智能生态体系、实施数据开放政策、调整法国和欧洲的投资与法规框架及确定与人工智能相关伦理与政策问题四个方面，并将健康、交通、环境、国防与安全作为四个应用人工智能的优先领域。此外，法国高度重视人工智能领域的工业标准化体系建设，希望依托人工智能形成欧洲新的标准体系和工业体系，助推以法德为核心的欧洲再次强大。法国人口数量相对较少并且移动设备普及度一般，因此法国在数据上处于天然弱势，这就使得法国在深度学习这类依赖数据的算法端很难赢得优势。但法国有着雄厚的产业基础，这使法国在硬件能力上取得不错的成绩。素有“欧洲硅谷”之称的法国格勒诺布尔，聚集了大量半导体和微电子企业，孵化出了一系列信息技术、嵌入式电子等产业链相关企业。凭借坚实的工业基础，法国在 3D 打印、机器人和无人机等方面拥有不小的优势。

俄罗斯重视人工智能的组织机构建设

俄罗斯非常重视人工智能发展。从总统至业界，积极推动俄罗斯的学术和工业资源在人工智能领域的突破。2017 年，俄总统普京就曾公开表示“人工智能是人类的未来，而掌握它的国家将统治世界”，足以可见人工智能在俄罗斯政府界的重要性。

俄罗斯更偏重于发展和资助人工智能在军事与国防领域的应用。俄罗斯于 2019 年 6 月制定了人工智能领域的国家战略，加速对人工智能、物联网、机器人和大数据领域内的中小企业项目的投资和支持。此前，俄罗斯在人工智能领域由俄罗斯国防部牵头，联合联邦教育和科学部等部门和机构制订了“十点计划”，通过建立组织机构，统筹规划刺激人工智能发展。该“十点计划”主要涵盖组建人工智能和大数据联盟、建立分析算法和项目基金、建立国家人工智能培训和教育体系、组建人工智能实验室和国家人工智能中心等方面的内容。同时，俄罗斯国防部希望通过监控全球人工智能发展，了解人工智能研发情况和发展趋势，还希望开展人工智能军事方面的演习，在军事论坛上探讨人工智能提案等。

表1 **世界主要国家人工智能主要政策汇总**

	战略或规划	发布机构	发布时间
美国	国家人工智能研发战略计划	美国白宫国家科学技术委员会/网络和信息技术研发小组委员会	2016年10月
	为人工智能的未来做好准备	美国白宫总统办公室/国家科学技术委员会/技术委员会	2016年10月
	人工智能、自动化与经济	美国白宫总统办公室	2016年12月
	白宫2018人工智能峰会纪要	美国白宫科技政策办公室	2018年5月
	维持美国在人工智能领域领导地位的行政命令、美国人工智能计划（倡议）	美国白宫	2019年2月
欧盟	人脑计划	欧盟委员会	2013年
	欧盟机器人研发计划（SPARC 2014—2020）	欧盟委员会未来新兴技术顾问小组	2014年
	欧盟人工智能	欧盟委员会	2018年4月
	欧盟2030自动驾驶战略	欧盟委员会	2018年5月
	《关于欧洲人工智能开发与使用的协同计划》	欧盟委员会	2018年12月

续表

	战略或规划	发布机构	发布时间
英国	机器人技术与人工智能	英国下议院科学技术委员会	2016年9月
	在英国推进人工智能产业	专家独立报告/英国DCMS	2017年10月
	产业战略——建设适应未来英国	英国政府	2017年11月
	英国AI发展的计划、能力和意愿	英国上议院人工智能专门委员会	2018年4月
	产业战略——人工智能领域行动	英国政府	2018年4月
	对上议院人工智能委员会报告的回应	英国上议院	2018年6月
德国	数字战略2025	德国联邦政府	2016年3月
	联邦政府人工智能战略要点	德国联邦政府	2018年7月
	高技术战略2025	德国联邦政府	2018年9月
	联邦政府人工智能战略	德国经济事务部，研究部和劳部	2018年11月
日本	机器人新战略	日本经济产业省	2015年2月
	第五期科学技术基本计划	日本内阁	2016年1月
	人工智能技术战略	日本人工智能技术战略委员会	2017年3月
	日本制造业白皮书（2018年）	日本经济产业省	2018年5月
	综合创新战略（2018—2019年度）	日本内阁	2018年6月
	人工智能技术战略执行计划	日本内阁	2018年8月
法国	人工智能战略	法国政府	2017年3月
	人类如何保持优势——算法和人工智能引发的道德问题	法国国家信息技术和自由委员会（CNIL）	2017年12月
	实现有意义的人工智能	法国国民议会	2018年3月
	人工智能——让法国成为引领者	法国总统	2018年3月

续表

	战略或规划	发布机构	发布时间
俄罗斯	俄罗斯关于人工智能的十点计划	俄罗斯联邦国防部	2017 年 7 月
	2017—2030 数字经济规划	俄罗斯通信与大众传媒部等	2017 年 7 月
	《人工智能国家战略》送审稿（未发布）	俄罗斯政府	2019 年 6 月
加拿大	泛加拿大人工智能战略	加拿大高等研究院（CIFAR）	2017 年 3 月
印度	人工智能任务组报告	印度产业政策与促进部	2018 年 3 月
	国家人工智能战略（报告）	印度 NITI Aayog	2018 年 6 月
韩国	中长期总体规划——为智能信息社会做准备	韩国科学、信息通信和未来规划部	2016 年 12 月
	面向 I-Korea 4. 0 的人工智能的研发战略	韩国第四次工业革命委员会	2018 年 5 月
丹麦	丹麦的数字增长战略	丹麦工业商业和金融事务部	2018 年 1 月
	准备抓住未来机遇	丹麦高教与科学部	2018 年 4 月
	研究 2025：未来优先研究领域	丹麦高教与科学部	2018 年 6 月
	丹麦人工智能国家战略	丹麦政府	2019 年 3 月
芬兰	芬兰的人工智能时代	芬兰经济事务和就业部	2017 年 10 月
	人工智能时代的工作	芬兰经济事务和就业部	2018 年 6 月
新西兰	人工智能塑造新西兰的未来	AI 论坛	2018 年 3 月
新加坡	人工智能战略	新加坡国家研究基金会	2017 年 5 月
阿联酋	人工智能战略	阿联酋	2017 年 10 月
	人工智能战略 2031	阿联酋	2019 年 4 月
意大利	人工智能——为公民服务	数字意大利机构和公共管理部	2018 年 3 月
瑞典	瑞典商业和社会中的人工智能	瑞典国家创新局	2018 年 5 月
西班牙	西班牙人工智能研究、发展与创新战略	西班牙政府	2019 年 3 月

续表

	战略或规划	发布机构	发布时间
荷兰	荷兰“国家人工智能战略”初稿（未发布）	AINED 联合机构	2019 年 4 月
越南	决定发布实施“2025 年人工智能研究与开发”的计划	科技部	2018 年 10 月

资料来源：笔者根据国家工业信息安全发展研究中心《人工智能发展报告（2018—2019）》、《世界主要国家在人工智能领域的战略布局》（搜狐网，2019 年 7 月 15 日，https：//m. sohu. com/a/326921498_ 115804）；《日本政府制定人工智能发展路线图》（2017 年 3 月 22 日，https：//www. sohu. com/a/129713991_ 119709）资料整理自制。

（张熠天，清华大学战略与安全研究中心客座研究员。）

十二　中国人工智能数据安全治理与伦理："碎片化治理"中的一块拼图

随着各类智能设备与系统开始大规模收集个人数据信息，数据安全风险已成为影响各国安全发展人工智能技术的一大核心因素。苹果公司历来宣称注重保护消费者数据，近期被指控侵犯消费者隐私。2019 年 7 月，有报道揭露苹果公司允许其承包商在未经用户同意的情况下，擅自使用用户的语音信息。这些对话内容清晰、易于监听，还暴露了用户所在位置、联系方式等私人信息。此消息引发了公众对苹果公司的担忧。"嗨 Siri，你在监听我吗?"一时间也成为人们热议的话题。另一起众所周知的案例是 2016 年"Facebook 隐私泄露丑闻"。英国数据分析公司剑桥分析擅自收集了 8700 余万条 Facebook 用户的数据，还在 2016 年美国大选期间，利用人工智能技术定向投放政治广告，影响选民的意识形态和政治观点。这起事件不仅反映了人工智能应用场景下的数据泄露与安全风险，也表明这项技术会加大国际治理和国家安全的挑战。

在人工智能时代，如何应对数据安全所带来的挑战已成为包括中国在内的世界各国需要解决的重要问题。中国的治理经验能否为全球人工智能数据安全治理提供有益的借鉴与参考？2019 年 8 月 30 日，一款名为“ZAO”的换脸应用软件在苹果应用商店中国区上架销售。这款软件采用了深度伪造技术，用户只需上传一张清晰的面部照片，就可以将自己的脸替换成电影或电视剧中演员的脸。“ZAO”在应用商店的评分一路飙升，甚至在一天内攀升至热搜榜前列。然而，在一夜爆红后，外界开始质疑“ZAO”存在数据泄露风险，并且对其用户协议极其不满。其中一项条款为用户上传或发布内容后，同意授权或确保实际权利人同意“ZAO”及其关联公司以及“ZAO”的用户在全球范围内完全免费、不可撤销、永久、可转授权和可再许可的权利。2019 年 9 月 3 日，工业和信息化部约谈该公司相关负责人，要求其严格按照国家法律法规以及相关主管部门要求，组织开展自查整改。此案例说明，在中国目前尚缺乏系统化的人工智能法律体系的情况下，违反伦理道德规范和相关法律法规的企业不仅难以持续获利，还会受到来自市场和监管部门的双重处罚。

如果企业在人工智能时代下无法保护人们的隐私，就会失去客户。企业在逐利的同时，也需要遵守伦理道德和法律法规。中国企业实际上早已采用人工智能技术挖掘有害信息，为社会治理提供支持。2018 年 9 月，腾讯宣称其旗下的宾果反诈骗防控系统为中国 31 个省、自治区、直辖市提供反诈骗防控服务，自上线以来累计推送预警 5 万多条，准确率超过 99%，累计为中国群众避免经济损失达 20 亿元。百度发布的《2018 年上半年信息安全综合治理报告》显示，百度在 2018 年上半年一共处理了 145. 4 亿条有害信息，其中占比居前两位的是淫秽色情类和赌博类，分别达到了 51. 04% 和 16. 63%。

此外，中国企业也在推动数据安全治理的伦理道德规范建设方面发挥着重要作用。这些企业通过发布伦理道德原则来规范自身的生产活动，打造可信的形象，进而提高在国内外市场中的竞争力。在彰显社会责任时，中国企业也借此塑造行业规范，引领“软法”建设。百度提出了人工智能伦理四原则，其中最高原则是安全可控。2017 年，腾讯和中国科学院联合发布了人工智能发展六大原则，涵盖自由、正义、福祉、伦理、安全和责任，强调人工智能的发展应加强隐私保护，防止数据滥用，个人数据的收集与使用应符合规范与法律制度。

目前在中国，针对人工智能原则的讨论进行得如火如荼。企业、学术界、产业界和中国政府陆续发布人工智能原则，强调使用人工智能时应加强数据安全保护。2019 年 5 月，中国的高校、科研院所和产业联盟联合发布《人工智能北京共识》，针对人工智能的研发、使用、治理三个方面，提出了 15 条原则。在保护数据安全方面，该共识提出“实现人工智能系统的数据安全”，“鼓励建立人工智能开放平台，避免数据与平台垄断”，“应建立合理的数据与服务撤销机制，以确保用户自身权益不受侵害”。2019 年 6 月，中国人工智能产业发展联盟发布《人工智能行业自律公约（征求意见稿）》，其中专门列出了隐私保护的原则。在 2019 年世界人工智能大会上，青年科学家代表发布了《中国青年科学家 2019 人工智能创新治理上海宣言》，呼吁制定相关法律法规，加强隐私保护意识，发展隐私保护算法和技术。产业界和学术界在伦理规范制定上的积极行动反映出中国社会既愿意接受人工智能技术的广泛应用，也希望制定能够确保该技术安全使用的规范。

2019 年 6 月，国家新一代人工智能治理专业委员会发布《新一代人工智能治理原则》，将尊重隐私列入八项原则。《新一代人工智能治理原则》指出人工智能发展应尊重和保护个人隐私，充分保障个人的知情权和选择权。同时，中国政府正在加快相关立法进程。2016 年，中国的《网络安全法》增加了用户的个人信息删除权、知情权、更正权等新规定。自 2018 年以来，中国还在加强《数据安全法》和《个人信息保护法》中个人数据保护的相关立法工作，发布了《数据安全管理办法（征求意见稿）》和

《个人信息出境安全评估办法（征求意见稿）》，公开向社会征求意见。随着人们对深度伪造技术的担忧加剧，中国在2019年审议修订了《民法典·人格权编（草案）》，规定任何组织或者个人不得以利用信息技术手段伪造的方式侵害他人的肖像权。这意味着未来中国法律将会禁止使用该技术。

从全球治理的角度来看，主要国家都提出了相应的治理方案，但尚未共同建立国际合作机制，从而引发了人工智能治理碎片化的问题。国际治理会受到国内治理的影响。人工智能数据安全治理应解决各国面临的社会问题，以及体现其价值观的伦理问题。此外，目前尚未形成统一的人工智能技术标准，因而进一步扩大了全球人工智能治理方案的差异，使全球治理呈现出“碎片化”的特征。有专家指出，人工智能的发展目前依然处于“弱人工智能”阶段，未来发展仍然有很大的不确定性。换言之，现在讨论科幻小说中人工智能取代人类的场景，为时尚早。这可能也是各国不急于采取行动、加速建立相关国际机制的原因之一。

中国的经验来自其错综复杂的治理现实。目前看来，中国正在走一种以市场为导向、以政府为主导的治理路径。中国人民乐于接受人工智能带来的便利生活，但也担心潜在的数据泄露风险。企业违反社会价值观和伦理道德，会破坏自身品牌形象，并且受到来自市场、法律、社会舆论等诸多方面的惩罚。因此，企业为了维护自身利益也应参与人工智能治理，在商业行为中遵守伦理道德。中国和许多其他国家一样，也认识到人工智能可能会威胁国家安全，因此采取了多种措施完善法律法规制度和人工智能伦理道德规范。但是，人工智能技术的飞速发展和其产生的广泛社会影响，导致立法工作难以跟上问题产生的速度。不仅是中国，全世界都面临着这项严峻的挑战。不久前，欧洲公布了关于已经实行一年的《通用数据保护条例（GDPR）》的研究报告。此条例被称为史上最严格的个人数据保护条例，但是从实施效果来看，却未能完全达到预期设想。针对人工智能全球治理没有一劳永逸的方法，我们应将全球人工智能治理视为一个动态的进程。有人认为人工智能治理属于权力竞争的一部分，因此更加难以达成合作。然而，竞争并不意味着对抗，人工智能也非零和游戏。就目前的全球治理进程而言，竞争反而能够促使"碎片化治理"模式向相互合作的模式转变。

（朱荣生，清华大学战略与安全研究中心博士后；于洋，清华大学交叉信息研究院助理教授。）

十三　人机智能的分界

智能不是人脑（或类脑）的产物，也不是人自身的产物，而是人、物、环境系统相互作用的产物，正如马克思所言："人的本质并不是单个人所固有的抽象物，在其现实性上，它是一切社会关系的总和"。[①] 狼孩尽管具有人脑的所有结构和组成成分，但没有与人类社会环境系统的交流或交互，也不可能有人的智能和智慧。事实上，真实的智能同样也蕴含着这人、物、环境这三种成分，随着科技的快速发展，其中的"物"却也逐渐被人造物——"机"所取代，简称为人机环境系统。平心而论，人工智能要超越人类智能，在现有数学体系和软硬件的设计模式基础之上，基本上不大可能，但在人机一体化或人机环境系统中却是有着可能。人工智能是逻辑的，智能则不一定是逻辑的。智能是一个非常辽阔的空间，它可以随时打开异质的集合，把客观的逻辑

① 《马克思恩格斯选集（第一卷）》，人民出版社 1972 年版，第 78 页。

与主观的超逻辑结合起来。

研究复杂性问题是困难的，但把它分解成人机环境系统问题就相对简单一些，至少可以从人、机、环境角度去思考理解；研究智能——这个复杂问题也是困难的，但同样也可把它分解成人机环境系统问题研究分析处理，人所要解决的是“做正确的事（杂）”，机所要解决的是“正确地做事（复）”，环境所要解决的是“提供做事平台（复杂）”。正如郭雷院士所言：“复杂性和智能化是系统科学发展的两个永恒主题。复杂性主要体现的是系统科学认识世界的一面，而智能化主要体现的是系统科学改造世界的一面。”

2020 年、2021 年注定是两个人类难忘的年份，这两年除了席卷全球的新冠疫情外，还出现了一个奇特的现象，即人件、软件、硬件、环件等智能化条件均属世界第一的美国新冠感染者世界排名第一并且死亡人数也是世界排名第一的现象。不难看出，对于人 + 机 + 环境系统而言，美国不但不是第一，而且是规模性失调，所以，中美角力的焦点不仅仅是人、机、环境每一或所有单项人工智能的领先优势，更重要的是人、机、环境系统混合智能的整合。下面本文将针对人机智能分界问题展开分析和探讨。

人工智能的瓶颈在于：总想用逻辑的手段解决非逻辑问题

1997 年深蓝的胜利，使得人们重燃对于人工智能的兴趣。

2006 年，杰弗里·辛顿（Geoffrey Hinton）提出深度置信网络，使深层神经网络的训练成为可能，这也使得深度学习迎来了春天。2011 年，IBM 的 Watson 参加“危险边缘”问答节目，并打败了两位人类冠军，轰动一时。2012 年，辛顿的学生 Alex Krizhevsky 使用 AlexNet 已大幅度的优势取得了当年 ImageNet 图像分类比赛的冠军，深度神经网络逐渐开始大放异彩。同年，运用了深度学习的技术的谷歌大脑（Google Brain）通过观看数千段的视频后，自发地找出了视频中的猫。2016 年，Google DeepMind 的 AlphaGo 战胜了世界顶级围棋高手李世石，由此推动了人工智能的再一次发展，此后“阿尔法 Zero”“MuZero”“AlphaFold”等一系列算法陆续出现，从而引发了人工智能将如何改变人类社会生活形态的话题。目前正处于人工智能发展的第三次高潮期。

现在经常有人问这样的问题：未来数字世界中，人与智能机器是何种分工模式？人与机器的边界将如何划分呢？

实际上，当前人机的关系主要是功能分配，人把握主要方向，机处理精细过程，而未来的人机关系可能是某种能力的分工，机也可以把握某些不关键的方向，人也可以处理某些缜密的过程。人机的边界在与 should——“应”和 change——“变”，即如何实现适时的“弥”（散）与“聚”（焦）、“跨”（域）与“协”（同）、“反”（思）与“创”（造）。

人类学习的秘密在于数据信息知识的弥散与聚焦（弥聚），

人类使用数据信息知识的秘密在于跨域与协同（跨协），人类智能的核心在于反思与创造（反创）。人有内外两种态势感知系统（Situation Awareness，以下简称“SA”）耦合而成，共振时最强，抵消时最弱，另外还有一个非智能（即智慧）影响决策系统：想不想、愿不愿、敢不敢、能不能……这些因素虽在智能领域之外，但对智能的影响很大。外在的 SA 是联结客观环境的眼耳鼻舌身等客观事实通道，内在的 SA 是联结主观想象环境的知情意等主观价值通道，阿尔法狗（AlphaGo）试图完成主观价值的客观事实化，可惜只完成了封闭环境下的形式化计算，没有完成开放环境下的意向性算计。究其因，在于传统映射思想是确定性的同质对应，远没有不确定性异质散射、漫射、影射的跨域变尺度的对应机制出现。

真正智能领域的瓶颈和难点之一是人机环境系统失调问题，具体体现在跨域协同中的“跨”与“协”如何有效实现的问题，这不但关系到解决各种辅助决策系统中“有态无势”（甚至是“无态无势”）的不足，而且还涉及许多辅助决策体系“低效失能”的溯源。也许需要尝试把认知域、物理域、信息域构成的基础理论域与陆海空天电网构成的技术域有机地结合起来，为实现跨域协同中的真实“跨”与有效“协”打下基础。人工智能中的强化学习不能够实现人类强化学习后的意图隐藏，比如，小孩被强制学习（惩罚）后表面上顺从但实际上是隐匿想玩的意图；另外，那些因为做了一项任务而得到奖励的人，可能没有那些因为做同样的任务而没有得到奖励的人愉快，这是因为他们把他们的参与仅仅归因于奖励而不是情感与体验。机器深度学习容易实现局部优化却很难实现全局优化和泛化。

电脑先驱阿兰·凯伊（Alan Kay）曾说，预测未来的最好办法就是创造未来。判断力和洞察力，是广域生存最核心的竞争优势。判断力和洞察力，常基于‘直觉’。正是这样的直觉，使‘企业家’完全不同于‘管理者’，使“军事家”完全不同于“指挥员”，使“优秀者”不同于“普通者”。

智能的第一原理

1. 计算与算计

休谟认为：“一切科学都与人性有关，对人性的研究应是一切科学的基础。”任何科学都或多或少与人性有些关系，无论学科看似与人性相隔多远，它们最终都会以某种途径再次回归到人性中。科学尚且如此，包含科学的复杂也不例外，其中真实的智能有着双重含义：一个是事实形式上的含义，即通常说的理性行动和决策的逻辑，在资源稀缺的情况下，如何理性选择，使效用最大化；另一个是价值实质性含义，既不以理性的决策为前提，也不以稀缺条件为前提，仅指人类如何从其社会和自然环境中谋划，这个过程并不一定与效用最大化相关，更大程度上属于感性范畴。理性的力量之所以有限，是因为真实世界中，人的行为不仅受理性的影响，也有“非理性”的一面。人工智能“合乎伦理设的计”很可能是黄粱一梦，原因很简单，伦理对人而言还是一个很难遵守的复杂体系。简单的伦理规则往往是最难以实现的，比如，应该帮助处在困难中的人，这就是一条很难（遵守者极容易上当被骗）操作的伦理准则。对于 AI 这个工具而言，合乎伦理设计应该科幻成分多于科学成分，想象成分多于真实成分。

当前的人工智能及未来的智能科学研究具有两个致命的缺点：（1）把数学等同于逻辑；（2）把符号与对象的指涉混淆。所以，人机混合深度态势感知的难点和瓶颈在于：（1）（符号）表征的非符号性（可变性）；（2）（逻辑）推理的非逻辑性（非真实性）（3）（客观）决策的非客观性（主观性）。

智能是一个复杂的系统，既包括计算也包括算计，一般而言，人工（机器）智能擅长客观事实（真理性）计算，人类智能优于主观价值（道理性）算计。当计算大于算计时，可以侧重人工智能；当算计大于计算时，应该偏向人类智能；当计算等于算计时，最好使用人机智能。费曼说，物理学家们只是力图解释那些不依赖于偶然的事件，但在现实世界中，我们试图去理解的事情大都取决于偶然。但是人、机两者智能的核心都在于变，因时而变、因境而变、因法而变、因势而变，等等。

如何实现人的算计（经验）与机的计算（模型）混合后的计算计系统呢？太极八卦图就是一个典型的计算计（计算＋算计）系统，有算有计，有性有量，有显有隐，计算交融，情理相依。其中的“与或非”逻辑既有人经验的、也有物（机）数据的，即人价值性的“与或非”＋机事实性的“与或非”，人机混合智能及深度态势感知的任务之一就是要打开与、或、非门的狭隘，比如大与、小与，大或、小或，大非、小非……大是（being）、大应（should）、小是（being）、小应（should）。人的经验性概率与机器的事实性概率不同，它是一种价值性概率，可以穿透非家族相似性的壁垒，用其他领域的成败得失结果影响当前领域的态势感知，比如同情、共感、同理心、信任等。

人类智能的核心是意向指向的对象，机器智能的核心是符号指向的对象，人机智能的核心是意向指向对象与符号指向对象的结合问题。它们都是对存在的关涉，存在分为事实性的存在和价值性的存在、还有责任性的存在。比如同样的疫情存在，钟南山院士说的就是事实性存在，特朗普总统说的就是价值性存在，同时他们说的都包含责任性存在，只不过一个是科学性责任，一个是政治性责任。

一般而言，数学解决的是等价与相容（包涵）问题，然而这个世界的等价与相容（包涵）又是非常复杂，客观事实上的等价与主观价值上的等价常常不是一回事，客观事实上的相容（包涵）与主观价值上的相容（包涵）往往也不是一回事，于是世界应该是由事实与价值共同组成的，也即除了数学部分之外，还有非数之学部分构成，科学技术是建立在数学逻辑（公理逻辑）与实验验证基础上的相对理性部分，人文艺术、哲学宗教则是基于非数之学逻辑与想象揣测之上的相对感性部分，二者的结合使人类在自然界中得以不息的存在着。

某种意义上，数学就是解决哲学上“being”（是、存在）的学问（如1/2，2/4，4/8……等价、包涵问题），但它远远没有，甚至也不可能解决“should”（应、义）的问题。例如，当自然哲学家们企图在变动不居的自然中寻求永恒不变的本原时，巴门尼德却发现、没有哪种自然事物是永恒不变的，真正不变的只能是“存在”。在一个判断中（“S是P”），主词与宾词都是变动不居的，不变的惟有这个“是”（being）。换言之，一切事物都“是”、都“存在”，不过其中的事物总有一天将“不是”“不存在”，然而“是”或“存在”却不会因为事物的生灭变化而发生变化，它是永恒不变的，这个“是”或“存在”就是使事物“是”或“存在”的根据，因而与探寻时间上在先的本原的宇宙论不同，巴门尼德所追问的主要是逻辑上在先的存在，它虽然还不就是但却相当于我们所说的“本质”。这个“是”的一部分也许就是数学。

人机环境之间的关系既有有向闭环也有无向开环，或者有向开环也有无向闭环，自主系统大多是一种有向闭环行为。人机环境系统混合的计算计系统也许就是解决休谟之问的一个秘密通道，即通过人的算计结合机器的计算实现了从“事实”向“价值”的“质的飞跃”。

有人认为“全场景智慧是一个技术的大混合”。实际上，这是指工程应用的一个方面，如果深究起来，还是一个科学技术、人文艺术、哲学思想、伦理道德、习俗信仰等方面的人物环境系统大混合。较好的人机交互关系如同阴阳图一样，你中有我，我中有你，相互依存，相互平衡。

每个事物、每个人、每个字、每个字母……都可以看成一个事实+价值+责任的弥聚子，心理性反馈与生理性反馈、物理性反馈不同。感觉的逻辑与知觉的逻辑不同，易位思考，对知而言，概念就是图型，对感而言，概念就是符号。从智能领域上看，没有所谓的元，只有变化的元，元可以是一个很大的事物，比如太阳系、银河系都可以看成一个元单位。我们称之为智能弥聚子。

科学家们常常只是力图解释那些不依赖于偶然的事件，但在现实世界中，人机环境系统工程往往试图去理解的事情大都取决于一些偶然因素，如同人类的命运。维特根斯坦（Ludwig Wittgenstein）就此曾有过著名的评论：“在整个现代世界观的根基之下存在一种幻觉，即：所谓的自然法则就是对自然现象的解释”。基切尔也一直试图复活用原因解释单个事件的观点，可是，无穷多的事物都可能影响一个事件，究竟哪个才应该被视作它的原因呢？更进一步讲，科学永远都不可能解释任何道德原则。在“是”与“应该”的问题之间似乎存在一道不可逾越的鸿沟。或许我们能够解释为什么人们认为有些事情应该做，或者说解释为什么人类进化到认定某些事情应该做，而其他事情却不能做，但是对于我们而言，超越这些基于生物学的道德法则依然是一个开放的问题。牛津大学的彭罗斯教授也认为：“在宇宙中根本听不到同一个节奏的‘滴答滴答’声响。一些你认为将在未来发生的事情也许早在我的过去就已经发生了。两位观察者眼中的两个无关事件的发生顺序并不是固定不变的，也就是说，亚当可能会说事件 P 发生在事件 Q 之前，而夏娃也许会反驳说事件 P 发生在事件 Q 之后。在这种情形下，我们熟悉的那种清晰明朗的先后关系——过去引发现在，而现在又引发未来——彻底瓦解了。没错，事实上所谓的因果关系（Causality）在此也彻底瓦解了。”也许有一种东西，并且只有这种东西恒久不变，它先于这个世界而存在，而且也将存在于这个世界自身的组织结构之中，它就是——“变”。

某种意义上讲，智能是文化的产物，人类的每个概念和知识都是动态的，而且只有在实践的活动中才可能产生多个与其他概念和知识的关联虫洞，进而实现其“活”的状态及“生”的趋势。同时，这些概念和知识又会保持一定的稳定性和继承性，以便在不断演化中保持类基因的不变性。时间和空间是一切作为知识概念的可能条件，同时也是许多原理的限制——即它们不能与存在的自然本身完全一致。可能性的关键在于前提和条件，一般人们常常关注可能性，而忽略关注其约束和范围。我们把自己局限在那些只与范畴相关的原理之上，很多与范畴无关的原理得不到注意和关涉。实际上，人机环境系统中的中态、势、感、知都有弹性，而关于心灵的纯粹物理概念的一个问题是，它似乎没有给自由意志留多少空间：如果心灵完全由物理法则支配，那么它的自由意志就像一块“决定”落向地心的石头一样。所有的智能都与人机环境系统有关，人工智能的优点在于缝合，缺点在于割裂，不考虑人、环境的单纯的人工智能软件、硬件就是刻舟求剑、盲人摸象……简单地说，就是自动化。

人的学习是由初期的灌输及更重要的后期环境触发的交互学习构成，机器缺乏后期的能力。人的学习是事实与价值的混合性学习，而且是权重调整性动态学习。人的记忆也是自适应性，随人机环境系统而变化，不时会找到以前没注意到的特征。通过学习，人可以把态转为势，把感化成知，机器也可以，只不过大都是脱离环境变化的“死”势“僵”知。聪明反被聪明误有时是人的因素，有时是环境变化的因素。我们生活在一个复杂系统（complex system）中，在这种系统中有许多互相作用的变主体（agent）和变客体。人机混合中有多个环节，有些适合人做，有些适合机做，有些适合人机共做，有些适合等待任务发生波动后再做，如何确定这些分工及匹配？如何在态势中感知？或在一串感知中生成态势？从时间、空间、价值维度上分别如何态、势、感、知？这些方面都很重要。

那么，如何实现有向的人机混合与深度的态势感知呢？一是“泛事实”的有向性。如国际象棋、围棋中的规则规定、统计概率、约束条件等用到的量的有向性，人类学习、机器学习中用到的运算法则、理性推导的有向性等，这些都是有向性的例子。尽管这里的问题很不相同，但是它们都只有正、负两个方向，而且之间的夹角并不大，因此称为“泛事实性”的有向性。这种在数学与物理中广泛使用的有向性便于计算。二是“泛价值”的有向性，亦即我们在主观意向性分析、判断中常用到的但不便测量的有向性。我们知道，这里的向量有无穷多个方向，而且两个方向不同的向量相加通常得到一个方向不同的向量。因此，我们称为“泛价值”的有向量。这种“泛向”的有向数学模型，对于我们来说方向太多，不便应用。

然而，正是“泛价值”有向量的可加性与“泛物”有向性的二值性启示我们研究一种既有二值有向性、又有可加性的认知量。一维空间的有向距离，二维空间的有向面积，三维空间乃至一般的 N 维空间的有向体积等都是这种几何量的例子。一般地，我们把带有方向的度量称为有向度量。态势感知中态一般是“泛事实”的有向性，势是“泛价值”的有向性，感一般是“泛事实”的有向性，知是“泛价值”的有向性。人机关系有点像量子纠缠，常常不是“有或无”的问题，而是“有与无”的问题。有无相生，“有”的可以计算，“无”的可以算计，“有与无”的可以计算计，所以未来的军事人机混合指控系统中，一定要有人类参谋和机器参谋，一个负责“有”的计算，一个处理“无”的算计，形成指控“计算计”系统。既能从直观上把握事物，还能从间接中理解规律。

西方发展起来的科学侧重于对真理的探求，常常被分为两大类：理论的科学和实践的科学。前者的目的是知识及真理，后者则寻求通过人的行动控制对象。这两者具体表现在这样一个对真理的证明体系的探求上：形式意义上的真理（工具论——逻辑），实证意义上的真理（物理——经验世界），批判意义上的真理（后物理学——形而上学）。俞吾金先生认为，迄今为止的西方形而上学发展史是由以下三次翻转构成的：首先是以笛卡尔、康德、黑格尔为代表的“主体性形而上学”对柏拉图主义的“在场形而上学”的翻转；其次是在主体性形而上学的内部，以叔本华、尼采为代表的“意志形而上学”对以笛卡尔、康德、黑格尔为代表的“理性形而上学”的翻转；再次是后期海德格尔的“世界之四重整体（天地神人）的形而上学”对其前期的“此在形而上学”的翻转。”通过这三次翻转，我们可以引申出这样的结论：智能是一种人机环境系统交互，不但涉及理性及逻辑的研究，还包括感性和非逻辑的浸入，当前的人工智能仅仅是统计概率性混合了人类认知机理的自动化体系，还远远没有进入真正智能领域的探索。若要达到真正的智能研究，必须超越现有的人工智能框架，老老实实地把西方的“真”理同东方的“道”理结合起来，形成事实与价值、人智与机智、叙述与证明、计算与算计混合的计算计系统。

自此，真正的智能将不仅能在叙述的框架中讲道理，而且还应能在证明的体系中讲真理；不仅能在对世界的感性体验中言说散文性的诗性智慧以满足情感的需要，而且能在对世界的理智把握中表达逻辑性的分析智慧以满足科学精神的要求，那时，智能才能真正克服危机——人性的危机。

当前制约机器人科技发展的瓶颈是人工智能，人工智能研究的难点是对认知的解释与建构，而认知研究的关键问题则是自主和情感等意识现象的破解。生命认知中没有任何问题比弄清楚意识的本质更具挑战性，或者说更引人入胜。这个领域是科学、哲学、人文艺术、神学等领域的交集。意识的变化莫测与主观随意等特点有时严重偏离了追问人工智能：科学技术的逻辑实证与感觉经验验证判断，既然与科学技术体系相距较远，自然就不会得到相应的认同与支持了，顺理成章，理应如此吧！然而，最近科技界一系列的前沿研究正悄悄地改变着这个局面：研究飘忽不定的意识固然不符合科技的尺度，那么在“意识”前面加上“情境”（或“场景”“上下文”“态势”）二字呢？人在大时空环境下的意识是不确定的，但“格物致知”一下，在小尺度时空情境下的意识应该有迹可循吧！自古以来，人们就知道“天时地利人和”的小尺度时空情境对态势感知及意识的影响，只是直至1988年，才出现了明确用现代的科学手段实现情境（或情景）意识的研究，即米卡·安德斯雷（Mica Endsley）提出的态势感知概念框架。但这只是个定性分析概念模型，其机理分析与定量计算还远远没有完善。

在真实的人—机—环境系统交互领域中，人的情景意识、机器的物理情景意识、环境的地理情景意识等往往同构于统一时空中（人的五种感知也应是并行的），人注意的切换使之对于人而言发生着不同的主题与背景感受/体验。在人的行为环境与机的物理环境、地理环境相互作用过程中，人的情景意识被视为一个开放的系统，是一个整体，其行为特征并非由人的元素单独决定，而是取决于人—机—环境系统整体的内在特征，人的情景意识及其行为只不过是这个整体过程中的一部分罢了。另外，人机环境中许多个闭环系统常常是并行或嵌套的，并且在特定情境下这些闭环系统的不同反馈环节信息又往往交叉混合在一起，起着或兴奋或抑制的作用，不但有类似宗教情感类的柔性反馈，不妨称之为软调节反馈，人常常会延迟控制不同情感的释放；也存在着类似法律强制类的刚性反馈，不妨称之为硬调节反馈，常规意义上的自动控制反馈大都属于这类反馈。如何快速化繁为简、化虚为实是衡量一个人机系统稳定性、有效性、可靠性大小的主要标志，是用数学方法的快速搜索比对还是运筹学的优化修剪计算，这是一个值得人工智能领域深究的问题。

人—机—环境交互系统往往由有意志、有目的和有学习能力的人的活动构成，涉及变量众多，关系复杂，贯穿着人的主观因素和自觉目的，所以其中的主客体界限常常模糊，具有个别性、人为性、异质性、不确定性、价值与事实的统一性、主客相关性等特点，其中充满了复杂的随机因素的作用，不具备重复性。另外，人—机—环境交互系统有关机（装备）、环境（自然）研究活动中的主客体则界限分明，具有较强的实证性、自在性、同质性、确定性、价值中立性、客观性等特点。在西方国家，无论是在古代、中世纪还是在现代，哲学宗教早已不单纯是意识形态，而是逐渐成为各个阶级中的强大政治力量，其影响不断渗透到社会生活的各个领域，更有甚者，把哲学、政治、法律等上层建筑都置于宗教控制之下。总之，以上诸多主客观元素的影响导致了人—机—环境交互系统的异常复杂和不确定性。所以，对人—机—环境交互系统的研究不应仅仅包含科学的范式，如实验、理论、模拟、大数据，还应涉及人文艺术的多种方法，如直观、揣测、思辨、风格、图像、情境等，在许多情况下还应与哲学宗教的多种进路相关联，如现象、具身、分析、理解与信仰等。

在充满变数的人—机—环境交互系统中，存在的逻辑不是主客观的必然性和确定性，而是与各种可能性保持互动的同步性，是一种得“意”忘“形”的见招拆招和随机应变能力。这种思维和能力可能更适合人类的各种复杂艺术过程。对此种种，恰恰是人工智能所欠缺的地方。

2021 年 5 月 28 日，习近平总书记出席两院院士大会并发表重要讲话时指出，科技创新速度显著加快，以信息技术、人工智能为代表的新兴科技快速发展，大大拓展了时间、空间和人们认知范围，人类正在进入一个“人机物”三元混合的万物智能互联时代。人机智能是人—机—环境系统相互作用而产生的新型智能系统。其与人的智慧、人工智能的差异具体表现在三个方面：首先，在混合智能输入端，它把设备传感器客观采集的数据与人主观感知到的信息结合起来，形成一种新的输入方式；其次，在智能的数据/信息中间处理过程，机器数据计算与人的信息认知相混合，构建起一种独特的理解途径；最后，在智能输出端，它将机器运算结果与人的价值决策相匹配，形成概率化与规则化有机协调的优化判断。人机混合智能是一种广义上的“群体”智能形式，这里的人不仅包括个人，还包括众人，机不但包括机器装备，还涉及机制机理；此外，它还关联自然/社会环境、真实/虚拟环境、网络/电磁环境等。

2. 有关人机几个问题的思考

（1）人机环中是不是要先考虑任务目标，任务的模型该考虑哪些关键要素？

从多维度到变维度，从多尺度到变尺度，从多关系到变关系，从多推理到变推理，从多决策到变决策，从多边界条件到变边界条件。计算—算计相互作用的整合法则（线性与非线性的整合）。神经中的序可以装任何东西，并可进行泛化成新的序。任务需求是智能的目的，一切行为都是任务和目标驱动的。任务的模型最基础的是 5W2H（Who、Where、When、What、Why、How、How much），并结合各服务领域的关键要素展开，进行事实性与价值性混合观察、判断、分析、执行。

（2）人机混合是不是要对人、机建模？若是，人和机的模型，要考虑哪些关键因素？

人和机的混合肯定是基于场景和任务（事件）的，要考虑输入、处理、输出、反馈、系统及其影响因素等，具体如下：①客观数据与主观信息、知识的弹性输入——灵活的表征；②公理与非公理推理的有机混合——有效的处理；③责任性判断与无风险性决策的无缝衔接——虚实互补的输出；④人类反思与机器反馈之间的相互协同调整；⑤深度态势感知与其逆向资源管理过程的双向平衡；⑥人机之间的透明信任机制生成；⑦机器常识与人类常识的差异；⑧人机之间可解释性的阈值；⑨机器终身学习的范围/内容与人类学习的不同。

（3）人机混合（人机高效协作）的衡量的关键指标。

粗略地说，可分别从人、机和任务三个方面研讨：人机环境系统高效协同的关键指标在于三者运行绩效中的反应时、准确率，具体体现在计划协同，动作协同，特别是跨组织实现步调上的协同，当然还有资源、成本的协同等方面。比如人的主动、辩证、平衡能力，机的精确、逻辑、快速功能，任务的弹性、变化、整体要求。如何有机地把人、机、任务的这些特点融入到系统协同的反应时、准确率两大指标之中呢？又是一个关键问题。

（4）从认知工程的智能系统框架、以及中西方的基础理论来看，哪些是未来认知功能具备可工程化的能力框架？哪些是尚不具备工程化的认知功能？

简单的说就是：计算部分与算计部分之分。未来认知功能具备可工程化的能力框架在于软硬件计算功能的快速、精确、大存储量的进一步提高，尚不具备工程化的认知功能在于反映规划、组织、协同算计谋划能力的知儿趣时变通得到明显改善。智，常常在可判定性领域里存在；能，往往存在于可计算性领域。认知工程的瓶颈和矛盾在于：总想用逻辑的手段解决非逻辑问题，例如，试图用形式化的手段解决意向性的问题。不同的人机其任务上下文中的上下程度弹性也是不同的。计算是算计的产物，计算常是算计的简化版，不能体现出算计中主动、辩证、矛盾的价值。计算可以处理关键场景的特征函数，但较难解决基本场景的对应规则，更难对付任意场景的统计概率，可惜这些还仅仅是场景，尚远未涉及情境和意识……计算常常是针对状态参数和属性的（客观数据和事实），算计则是一种趋势和关系之间的谋划（根据主观价值的出谋划策），所以态势感知中，态与感侧重计算推理，势和知偏向算计谋划。计算计最大的特点就是异、易的事实价值并行不悖。人类的符号、联结、行为、机制主义是多层次多角度甚至是变层次、变角度的，相比之下，机器的符号、联结、行为、机制主义是单层次、单角度以及是固层次、固角度的。人类思维的本质是随机应变的程序，也是可实时创造的程序，能够解释符号主义、联结主义、行为主义、机制主义之间的联系并能够打通这些联系，实现综合处理。达文波特认为，人类的某种智能行为一旦被拆解成明确的步骤、规则和算法，它就不再专属于人类了。这在根本上就涉及一个基本问题，即科学发现如何成为一个可以被研究的问题。

人机混合智能是人工智能未来的发展方向

人机混合智能有两大难点：理解与反思。人是弱态强势，机是强态弱势，人是弱感强知，机是强感若知。人机之间目前还未达到相声界一逗一捧的程度，因为还没有单向理解机制出现，能够幽默的机器依旧遥遥无期。乒乓球比赛中运动员的算到做到、心理不影响技术（想赢不怕输）、如何调度自己的心理（气力）生出最佳状态、关键时刻之心理的坚强、信念的坚定等，这都是机器难以产生出来的生命特征物。此外，人机之间配合必须有组合预期策略，尤其是合适的第二、第三预期策略。自信心是匹配训练出来的，人机之间信任链的产生过程常是：从陌生——不信任——弱信任——较信任——信任——较强信任——强信任，没有信任就不会产生期望，没有期望就会人机失调，而单纯的一次期望匹配很难达成混合，所以第二、第三预期的符合程度很可能是人机混合一致性的关键问题。人机信任链产生的前提是人要自信（这种自信心也是匹配训练出来的），其次才能产生他信和信他机制，信他与他信里就涉及多阶预期问题。若 being 是语法，should 就是语义，二者中和相加就是语用，人机混合是语法与语义、离散与连续、明晰与粗略、自组织与他组织、自学习与他学习、自适应与他适应、自主化与智能化相结合的无身认知 + 具身认知共同体、算 + 法混合体、形式系统 + 非形式系统的化合物。反应时与准确率是人机混合智能好坏的重要指标。人机混合就是机机混合，器机理 + 脑机制；人机混合也是人人混合，人情意 + 人理智。

人工智能相对是硬智，人的智能相对是软智，人机智能的混合则是软硬智。通用的、强的、超级的智能都是软硬智，所以人机混合智能是未来，但是混合机理机制还远未被弄清楚，更令人恍惚的是一不留神，不但人进化了不少，机又变化得太快。个体与群体行为的异质性，不仅体现在经济学、心理学领域，还是智能领域最为重要的问题之一。现在主流的智能科学在犯一个以前经济学犯过的错误，即把人看成是理性人，殊不知，人是活的人，智是活的智，人有欲望有动机、有信念、有情感、有意识，而数学性的人工智能目前对此还无能为力。如何混合这些元素，使之从冰冻的生硬的状态转化为温暖的柔性的情形，应该是衡量智能是否智能的主要标准和尺度，同时这也是目前人工智能很难跳出人工的瓶颈和痛点，只有钢筋没有混凝土。经济学融入心理学后即可使理性经济人变为感性经济人，而当前的智能科学仅仅融入心理学是不够的，还需要渗入社会学、哲学、人文学、艺术学等方能做到通情达理，进而实现由当前理性智能人的状态演进成自然智能人的形势。智能中的意向性是由事实和价值共同产生出来的，内隐时为意识，外显时叫关系。从这个意义上说，数学的形式化也许会有损于智能。维特根斯坦认为：形式是结构的可能性。对象是稳定的东西，持续存在的东西；而配置则是变动的东西，非持久的东西。他还认为：我们不能从当前的事情推导出将来的事情。迷信恰恰是相信因果关系。也就是说，基本的事态或事实之间不存在因果关系。只有不具有任何结构的东西才可以永远稳定不灭、持续存在；而任何有结构的东西都必然是不稳定的，可以毁灭的。因为当组成它们的那些成分不再依原有的方式组合在一起的时候它们也就不复存在了。事实上，在每个传统的选择（匹配）背后都隐藏着两个假设：程序不变性和描述不变性。这两者也是造成期望效用描述不够深刻的原因之一。程序不变性表明对前景和行为的偏好并不依赖于推导出这些偏好的方式（如偏好反转），而描述不变性规定对被选事物的偏好并不依赖于对这些被选事物的描述。

人机混合智能难题，即机器的自主程度越高，人类对态势的感知程度越低，人机之间接管任务顺畅的难度也越大，不妨称之为“生理负荷下降、心理认知负荷增加”现象。如何破解呢？有经验的人常常抓任务中的关键薄弱环节，在危险情境中提高警觉性和注意力，以防意外，随时准备接管机器自动化操作，也可以此训练新手，进而形成真实敏锐地把握事故的苗头、恰当地把握处理时机、准确地随机应变能力，并在实践中不断磨砺训练增强。即便如此，如何在非典型、非意外情境中解决人机交互难题仍需要进一步探讨。

计算与算计，合久必分，分久必合。算计需要的是发散思维，计算需要的是缜密思维，这是两种很不一样的思维方式，这两种方式同时发生在某个复杂过程中是小概率的事件，由此带来的直接后果就是，复杂领域的突破也只能是小概率的事件。对待场景中的变化，机器智能可以处理重复性相同的“变”，人类智能能够理解杂乱相似性（甚至不相似）的“变”，更重要的是还能够适时的进行

“化”，其中“随动”效应是人类计算计的一个突出特点，另外，人类计算计还有一个更更厉害的武器——“主动”。

有人说：“自动化的最大悖论在于，使人类免于劳动的愿望总是给人类带来新的任务”。解决三体以上的科学问题是非常困难的，概念就是一个超三体的问题：变尺度、变时空、变表征、变推理、变反馈、变规则、变概率、变决策、变态势、变感知、变关系……犹如速度与加速度之间的关系映射一般，反映者智能的边界。有效概念的认知是怎样产生的，OODA 还是 OAOODDDAA？亦或是 OA？这是一个值得思考的问题。多，意味着差异的存在；变，意味着非存在的有；复杂，意味着反直观特性；自组织/自相似/自适应/自学习/自演进/自评估意味着系统的智能……人机环境网络中重要/不重要节点的隐匿与恢复是造成全局态势有无的关键，好的语言学家与好的数学家相似：少计算多算计，知道怎么做时计算，不知道怎么做时算计，算计是从战略到策略的多逻辑组合，人机混合计算计机制犹如树藤相绕的多螺旋结构，始于技术，成于管理。如果说计算是科学的，算计是艺术的，那么计算计就是科学与艺术的。

价值不同于事实之处在于可以站在时间的另一端看待发生的各种条件维度及其变化。仅仅是机器智能永远无法理解现实，因为它们只操纵不包含语义的语法符号。系统论的核心词是突显（整体大于部分），偏向价值性 should 关系；控制论的核心词是反馈（结果影响原因），侧重事实性 being 作用。耗散结构论的核心词是开放性自组织（从非平衡到平衡），强调从 being 到 should 过程。控制论中的反馈是极简单的结果影响（下一个）原因的问题，距离人类的反思——这种复杂的“因果”（超时空情境）问题很遥远。算计是关于人机环境体系功能力（功能 + 能力）价值性结构谋划，而不是单事实逻辑连续的计算，计算—算计正是关于正在结构中事实—价值—责任—情感多逻辑组合连续处理过程，人机混合智能难题的实质也就是计算—算计的平衡。

人机混合智能是人工智能发展的必经之路，其中既需要新的理论方法，也需要对人、机、环境之间的关系进行新的探索。人工智能的热度不断加大，越来越多的产品走进人们的生活之中。但是，强人工智能依然没有实现，如何将人的算计智能迁移到机器中去，这是一个必然要解决的问题。我们已经从认知角度构建认知模型或者从意识的角度构建计算—算计模型，这都是对人的认知思维的尝试性理解和模拟，期望实现人的算计能力。计算—算计模型的研究不仅需要考虑机器技术的飞速发展，还要考虑交互主体即人的思维和认知方式，让机器与人各司其职，互相混合促进，这才是人机混合智能的前景和趋势。

（刘伟，北京邮电大学人工智能学院研究员，剑桥大学访问学者，清华大学战略与安全研究中心人工智能组专家。）

十四　中国青年视角下的人工智能风险与治理

自2012年神经网络在图像识别领域取得突破性的成功以来，[①] 以深度学习为代表的人工智能技术（AI）在互联网之后引领了新的一波技术浪潮。近年来，AI在语音识别、机器翻译、人脸识别、自动驾驶等领域大放光彩，受到了广泛的关注。作为新兴经济体，也是人工智能技术产业化的热土，人工智能技术在中国引起了广泛的关注。对比来看，谷歌搜索趋势显示，人工智能技术在全球范围内的影响力仍不能匹敌互联网技术（图14－1）；然而，百度搜索趋势却显示出中国网民对人工智能的关注热度已经超过了互联网技术（图14－2）。

---

① Krizhevsky, A. , Sutskever, I. and Hinton, G. E. , "Imagenet Classification with Deep Convolutional Neural Networks", In Advances in Neural Information Processing Systems, 2012, pp. 1097－1105.

图 14－1 谷歌趋势关键词搜索趋势（全球）

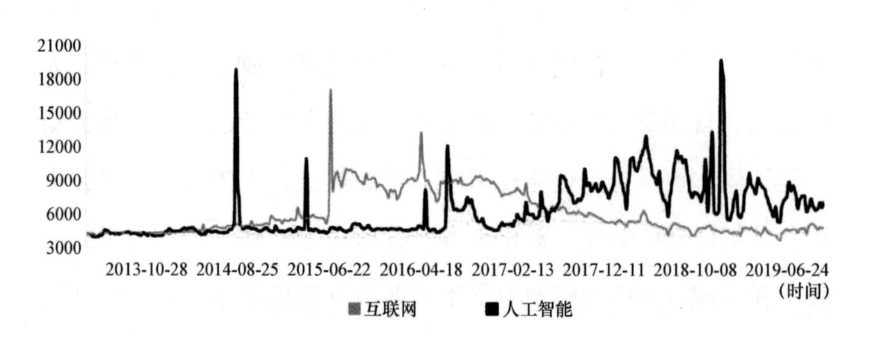

图 14－2 百度指数关键词搜索趋势

人工智能带来技术革命的同时，也带来了新的风险和治理困难。由于人工智能将人决策中的自由意志赋予机器，原有的制度、伦理与法律等在面对人工智能技术应用的管理、规制和治理上，遇到了前所未有的挑战。[①]

2016 年 1 月 20 日，一辆特斯拉轿车在京港澳高速邯郸段行驶时，与前方的道路清扫车发生追尾事故，特斯拉司机当场死亡，这是自动驾驶模式下致死的第一起案件，关于自动驾驶中的风险与追责问题一时成为焦点。[②] 2016 年剑桥分析公司（Cambridge Analytica）从 Facebook 上获取了数千万人的数据，并在当年美国总统大选中利用这些数据投放政治广告，引发了一场“技术风暴”。[③] AI 已不仅仅是学界的研究课题，它已经深入影响到政治、经济、工业、文化与个人生活领域。如何协调 AI 技术的发展与治理，保证 AI 技术安全可靠，促进社会、经济与生态可持续发展，已经成为各国政府、跨国组织和企业、个人需要共同面对的挑战。

人工智能的发展始终伴随剧烈的社会变革，在为人类社会带来便利的同时，作为同一枚硬币的两面，人工智能带来的风险也逐渐引起世界各地区不同群体的重视。现有的针对人工智能的讨

---

① Margetts, H. and Dorobantu, C., “Rethink Government with AI”, *Nature*, Vol. 568, 2019, pp. 163 – 165; Sherlock, C., “The DeepMind Debacle Demands Dialogue on Data”, *Nature*, Vol. 547, 2017, p. 259; Crawford, K. and Calo, R., “There Is A Blind Spot in AI Research”, *Nature*, Vol. 538, 2016, pp. 311 – 313; Pandya, J. and World, C., “The Dual-Use Dilemma of Artificial Intelligence”, Forbes, 2019.

② 《国内首起“特斯拉自动驾驶”车祸致死案已有最新进展》，2018 年 4 月 19 日，http://news.cctv.com/2018/04/19/ARTILMtSgahcm3W5j3bx87as180419.shtml。

③ Davies, Harry, “Ted Cruz Campaign Using Firm that Harvested Data on Millions of Unwitting Facebook Users”, the Guardian, December 11, 2015.

论，已经开始注意人工智能对政府管理、社会治理、反垄断、隐私、不平等和歧视等领域带来的机遇与挑战。

然而，作为人工智能产业化走在世界前列的国家，中国民众，特别是青年一代对人工智能及其风险治理的看法，尚未被分析和刻画。作为将长期身处人工智能技术变革带来的社会制度变迁中的一代，今天的中国青年如何看待人工智能的发展？他们担忧哪些人工智能技术可能带来的风险？青年们又如何思考人工智能技术和产业的治理？这一系列攸关政策方向和设计的关键性问题亟待回答和分析。

现有研究尚未对中国青年对人工智能及其风险和治理的看法进行过调查和分析，因此，本研究的第一步，是通过预调研为进一步大规模、系统性调研的问卷设计、采样设计和数据分析提供参考和支撑。

本次调研，以中国社会中14—28周岁的青年人作为研究对象，采用调研问卷的方式搜集了中国不同地区的研究数据，以青年人的性别、年龄、受教育程度、职业、收入和地域等作为参考，就青年人对人工智能在日常生活中的应用、在不同层面可能存在的风险和如何对人工智能可能的风险进行防范和治理进行预调研，并基于预调研数据进行了初步分析。本文试图呈现在日新月异的中国社会中，身处在剧烈变动中的中国青年如何就人工智能可能带来的风险做出反应，他们在人工智能的治理中又有哪些设想。

本文分为五个部分，第一部分展示中国青年对人工智能的评价和看法；第二部分则聚焦于中国青年关切的人工智能风险；第三部分讨论中国青年对人工智能技术应该谁来治理、如何治理上的思考；第四部分对比中国青年和国际学术界对人工智能治理问题的关切差异；第五部分总结整个调研。

中国青年对人工智能的总体评价

（一）人工智能深入并便利了中国青年的生活

从搜集到的有效问卷来看，人工智能的发展带给中国青年最直观的感受能够用一个词形容，那就是“方便”。这和人工智能已经深入青年人生活的方方面面是分不开的。从调查结果看，在智能手机不断普及的背景下，他们对语音助手（78.05%）、指纹识别（76.82%）、推荐系统（72.13%）、智能输入法（69.54%）、翻译软件（62.15%）和美颜相机（56.29%）都有过或多或少的接触和体验（图 14－3）。因此，当本研究请被调查者用三个词形容他们对人工智能的印象时，出现最多的词语是“方便”（图 14－4）。

但我们也注意到，青年们对人工智能的总体影响集中在技术、功能等客观描述性词语上，较少使用具有情感色彩和价值判断的词语。

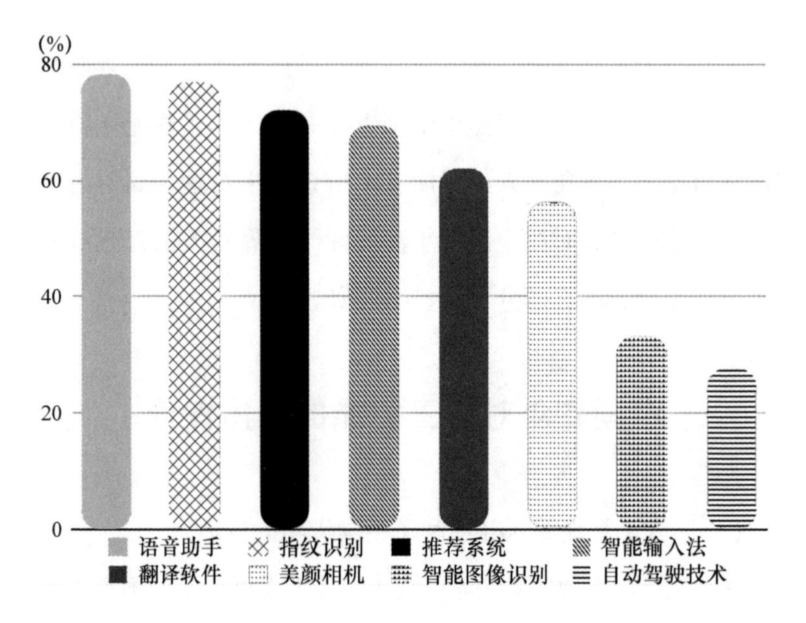

图 14－3　青年在这些领域体验过人工智能相关的占比

图 14－4　青年日常生活接触的人工智能以及对人工智能的总体印象

（二）中国青年对人工智能技术的关注高、情感正面（中美对比、情感分数）

为分析青年对人工智能的情绪和观感，本研究请被调查的青年用一句话阐述他们对人工智能发展的感受。在针对青年人这段话的情感分析当中，我们发现积极情感分数高于消极情感分数，且分布更为均匀（图 14－5）。这说明，对人工智能的发展，青少年的积极态度高于消极态度。人工智能本身蕴含的巨大潜力也使得中国青年对它的发展持较为积极的态度。

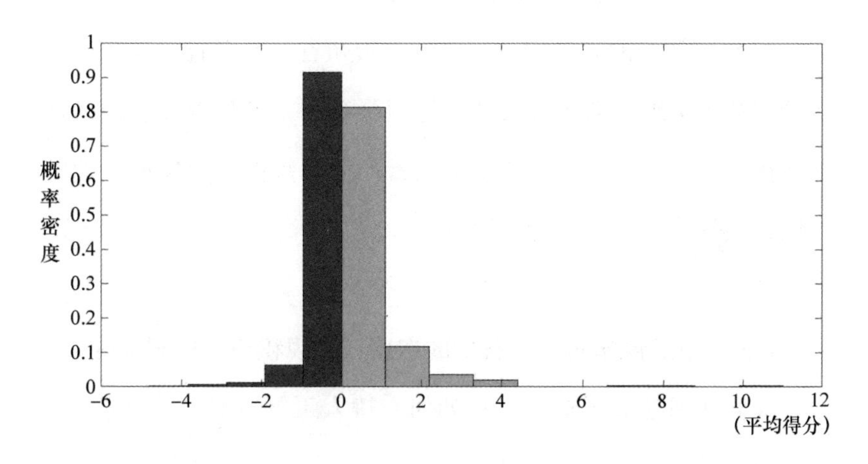

图 14－5　青年对人工智能的情感分数分布

通过交叉分析，我们发现：

（1）不同年龄段的青年对人工智能的看法有着各自的特点。进入大学前后的年轻人（17—19 周岁）对人工智能表现出更为积极的态度；而在接受大学教育之后的年轻人（20—22 周岁）则更多地看到人工智能的消极方面。

（2）就中国不同的地域分布来看，青年人对人工智能在情感上的积极或消极并无明显规律，这可能与问卷的发布地点也存在一定的关联；而不同的性别在当今的中国社会中并未成为青年人对人工智能感受的障碍，两性在这一方面并没有明显的区别。

（3）就青年人不同的职业选择来看，大学生作为受教育程度最高的群体，始终是对人工智能的发展最具忧患意识的群体，他们在消极和积极态度中都占据主导地位。

（4）在调查的省份中，吉林省、贵州省、安徽省等地积极情感分和消极情感分都相对较高。地理分布的差异是否和该地区产业结构有关——例如贵州省是中国云产业、数据产业发展快速的地区，还有待进一步分析和调研。

（三）中国青年对人工智能的态度：微观积极与宏观保守

我们在问卷中调查了青年如何看待人工智能对“个人生活”“社会秩序”“国家安全”“国际局势”四个不同问题的影响。调查结果显示，被调查的 79% 青年认为人工智能技术对个人生活的影响是利大于弊；然而，认为对国家安全利大于弊的有 41%，认为国际局势利大于弊的人群比例只有 40%（图 14－6）。针对人工智能在不同维度的利弊影响，在个人生活（79%）和社会秩序

（62%）两方面，大多数人都持利大于弊的看法，但是当上升到“国家安全”和“国际局势”这样较为宏观的、个人难以把控的维度时，青年人的态度是逐渐趋于保守的，选择持中立看法的年轻人从19%（“个人生活”）和31%（“社会秩序”）上升到49%（“国家安全”）和52%（“国际局势”）。

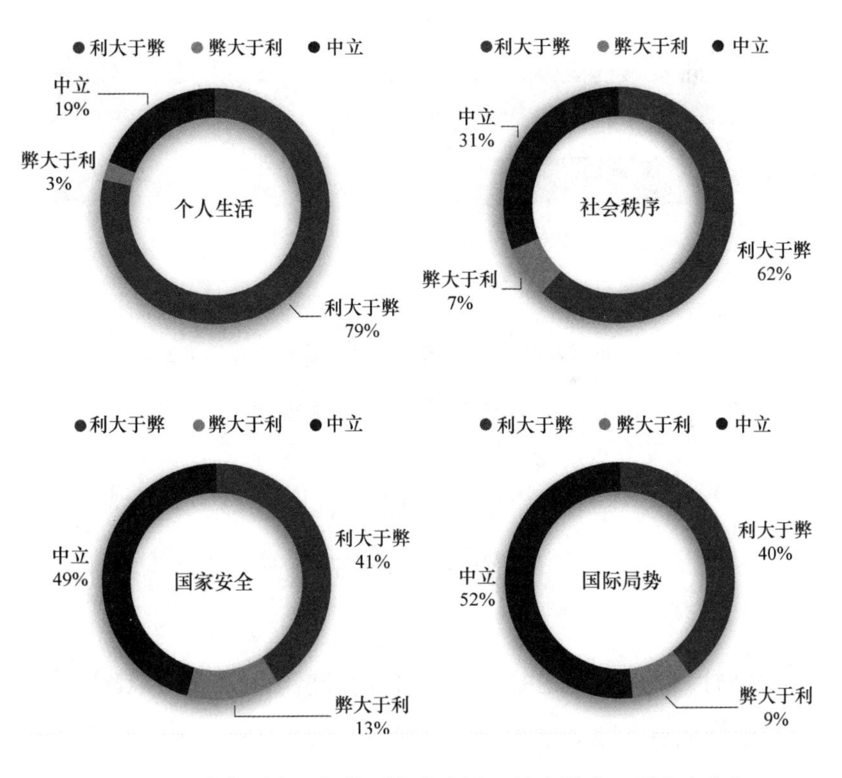

图14－6　青年对人工智能对个人生活、社会秩序、国家安全和国际局势影响的看法

在问卷投放的过程中，我们特别对计算机专业和非计算机专业的学生对这些维度的看法做了区分，研究中涉及计算机专业的青年在人工智能对国家安全的看法上，表现出了比非计算机专业的青年更为乐观的态度（图 14－7）。可能的解释包括：人工智能和相关的其他信息与计算科学领域的发展，使得计算科学相关专业的青年更相信人工智能技术负面影响的可控性。

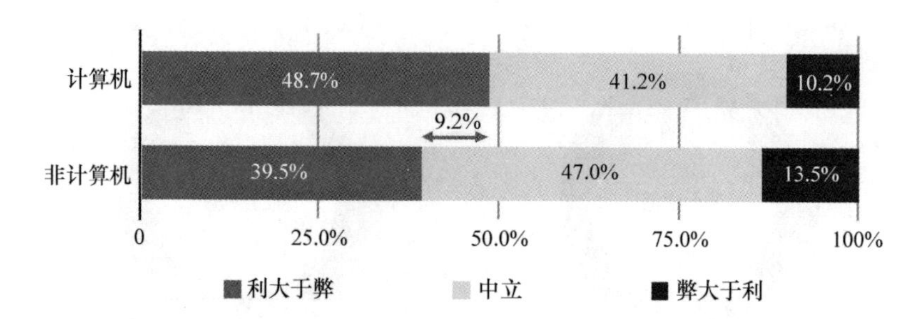

图 14－7　计算机专业相关青年和非计算机专业相关青年对人工智能影响看法的差异

中国青年关切的人工智能风险和治理问题

（一）中国青年更关切人工智能的经济风险和社会风险

中国的青年是否看到人工智能在方便之外，对社会生活的各个领域可能产生的风险呢？他们最为关注的又是哪些领域呢？从搜集到的数据来看，中国大多数青年更关注的是人工智能在经济和社会等领域的影响，尤其是人工智能的发展可能导致失业（51.97%）、影响隐私与伦理（42.85%）和被用于犯罪（31.94%）（图14－8）。

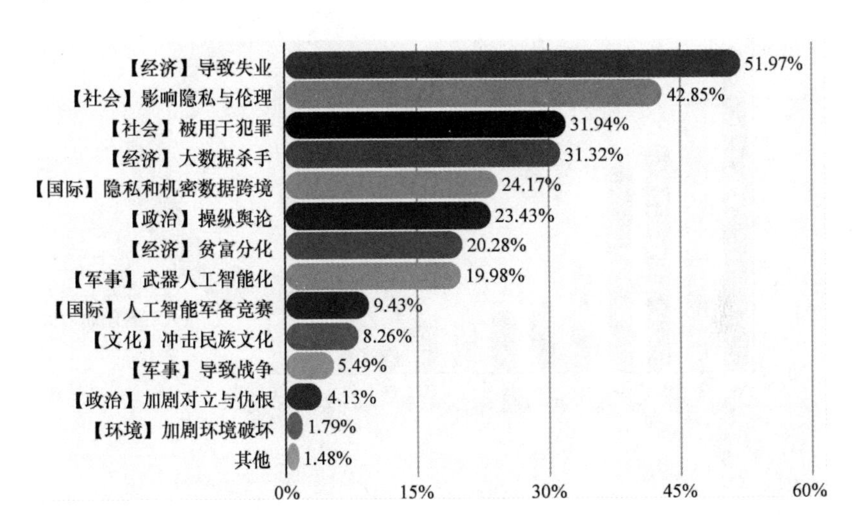

图14－8　中国青年关切的人工智能风险问题

中国青年关切的是与自身发展息息相关的领域，尤其是未来社会中的就业问题。在关于人工智能的发展对未来职业的冲击中，工厂加工工人（61.10%）、客服/电话销售员（51.48%）和司机/邮递员/快递员（42.85%）等职业成为青年人眼中的“高危职业”，很可能会伴随人工智能的发展而消失（图14－9）。中国青年的职业焦虑由于人工智能的发展而逐渐被转移，绝大多数人（84%）认为，人工智能的发展会引起社会上部分职业的消失。

可以看到，样本中的青年，对人工智能的隐私和伦理风险也极为关注。同时，也有相当高比例的青年担忧人工智能用于犯罪

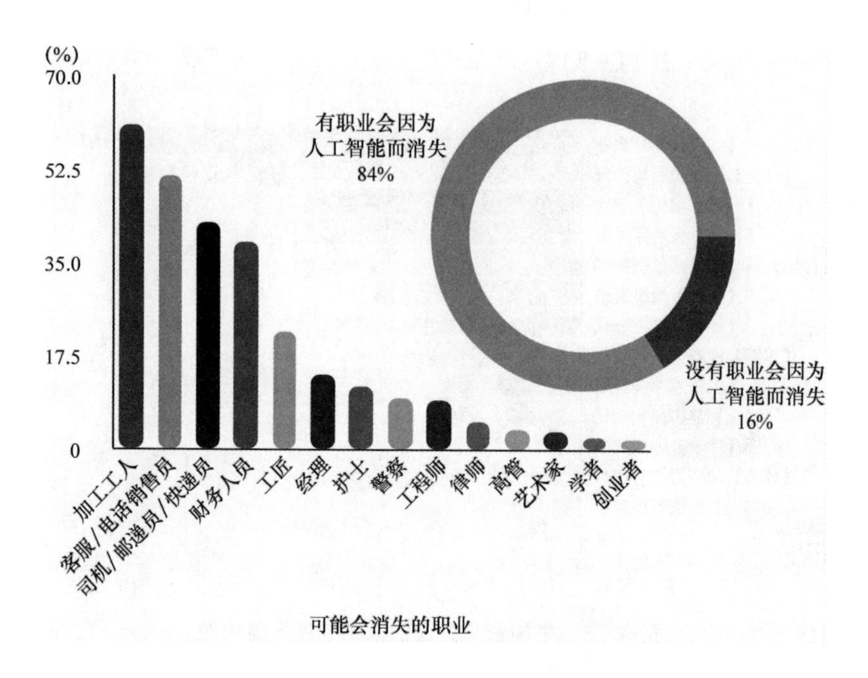

图 14-9 中国青年认为会因人工智能技术而消失的职业

的风险。不少青年对人工智能用于操纵市场等行为也保持着较高的警惕。

作为青年人中除学生外，和人工智能技术密切相关的、有代表性的两个群体——创业者（29 人）和务工人员（24 人）——对人工智能的风险和治理又是什么样的反应呢？虽然在样本中，这两个群体的人数较少，但是这些仅有的样本，仍然在一定程度上提醒我们，职业分工的不同会造成人们对人工智能风险和治理的看法差异。针对人工智能可能带来的风险，超过半数的务工人员和创业者都对人工智能可能导致失业表示担忧；创业者作为与现代信息技术密切接触的群体，较务工人员有更高的比例担忧贫富分化。然而不论职业如何，被调查者对可能受人工智能发展而消失的职业有相同的看法，他们与总体的数据样本也保持着一致的观点：劳动力密集型和重复性工作更容易受到影响。在针对人工智能的治理方面，务工人员（66.67%）比创业者（48.24%）更寄希望于国家和政府通过法律进行严格的规范。这在一定程度上说明传统行业在应对人工智能可能带来的风险方面是不自信的，更希望能够在国家和政府的庇护下以实现平稳的过渡（图 14－10）。

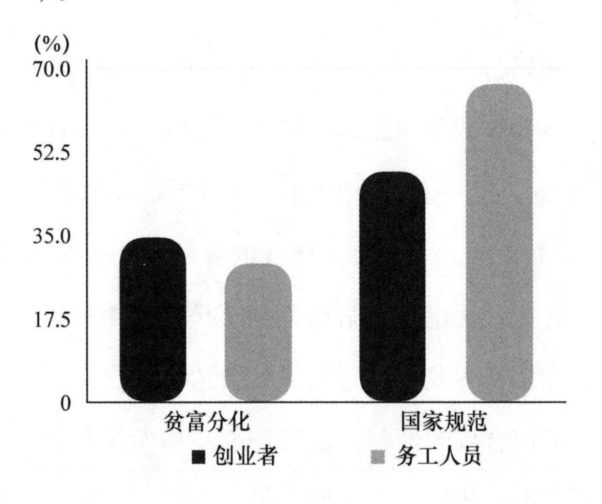

图 14－10　创业者群体和务工人员群体在人工智能风险问题上的关切差异

但是，需要指出的是：在样本中，创业者和务工人员在地域上分布不平衡，分散在中国不同的省份；与务工人员大多具有大学和大专的文凭相比，创业者在学历分布上更具包容性，几乎涵盖了从初中到博士研究生的所有群体；但女性在创业者中的占比是低于务工人员的，同时与具有稳定月收入的务工人员相比，创业者中部分人是没有收入的。他们在人工智能的日常生活体验中，智能手机的普及使得他们获得的服务不存在明显的差别。上述差别，使得我们关于创业者和务工人员对比分析的结果只适用于描述被调查群体。

（二）中国青年忧虑的政治和国际性人工智能治理议题：数据跨界流动和舆论操纵

在政治和国际领域中，中国青年最担心的是数据跨界流动（24.17%）和舆论操纵（23.43%）（图 14－8），这与谷歌学术指数（绝对值）有一定的相似性，舆论操纵在后者的指数为19.92%，居第二位。一方面，精准的算法使得对网络媒体资讯的筛选成本更低，无论是在全球范围还是在青年群体中，对于舆论操纵的担忧都是一股不可忽视的社会情绪。在人工智能迅速发展的当下，如何合理规范与界定其职权，如何提升公民对于信息源的安全感正是亟待解决的问题。另一方面，中国青年对于数据与舆论的关注也说明，除却实际的经济红利，各种隐性的精神与情感需求也是其考量人工智能这一新事物的重要指标，如何权衡与调和两者、缓解技术革命进程中的矛盾至关重要。

中国青年认可的人工智能治理：法治化和政府的积极作为

如何来应对和防范人工智能可能带来的变化，中国的青年显然也有自己的看法（图 14－11），多数人（67.82%）将希望寄托于政府，希望国家和政府能够以出台法律严格规范人工智能的发展；青年对人工智能发展可能导致的失业也在治理的措施中得

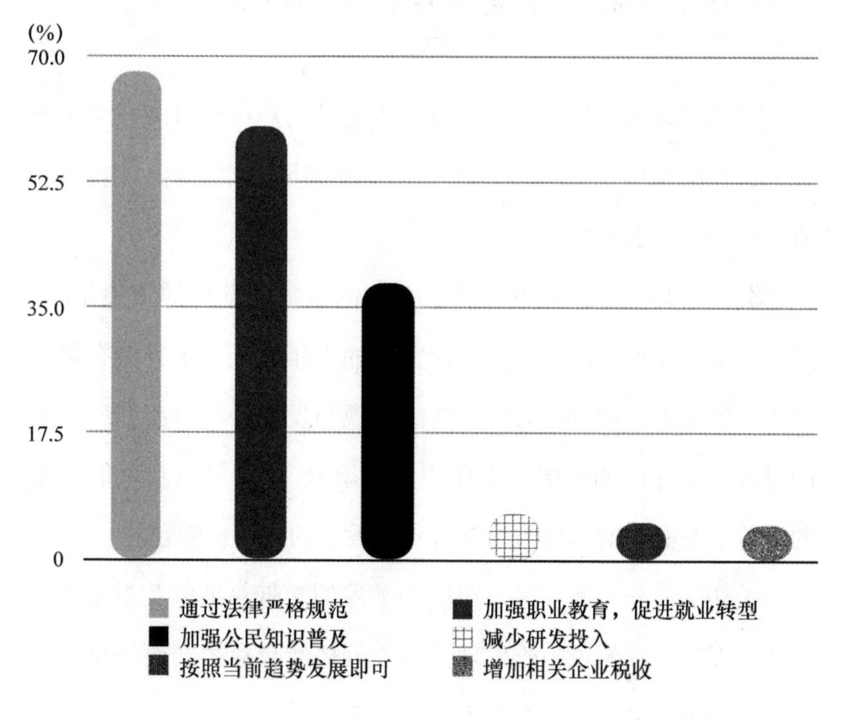

图 14－11　青年认为应该采取的人工智能治理措施占比

以体现，60.11%接受问卷调查的青年将“加强职业教育，促进就业转型”作为降低人工智能带来的风险的重要手段；通过“减少研发投入”和“增加相关企业税收”等经济学的调节方式却得不到青年人的青睐，在人工智能风险的防范中，市场这只“看不见的手”在中国青年的认知中，远不如国家和政府这只“看得见的手”来得可靠。

国际学术界与中国青年：关切的共性和差异

对比调研结果和谷歌学术指数（绝对值）可以看到：此次调查中，我国青年与学术界关切的人工智能风险虽然有一定共性，但也存在着许多差异。

关切的共性方面：不可否认，无论是国外学界的顶尖学者，还是中国各年龄阶段，不同教育背景的青年对于人工智能有着一个明显的共识，那就是人工智能的出现与发展势必对我们所身处的时代产生深远的影响。由此说明，研究 AI 治理以及可能带来的风险是有必要的，也与未来青年人发展的目标是吻合的。

关切的差异方面：通过对国外学界的文献总结以及中国青年的问卷调研，我们也不难发现，两类群体所聚焦的问题还是存在一定的差异，主要表现在以下三个方面。

（1）谈及受 AI 技术影响的群体，国外学界所聚焦得更为具体，而中国青年所聚焦的影响群体更为宏观。在国外学者眼中，性别、种族都有可能是造成不同潜在影响的因素，因此对于某些群体的关切程度也会有所差异。[①] 而中国青年更倾向于以宏观整体的思维去看待问题，研究分析 AI 技术对整个人类可能造成的影响。

（2）谈及受 AI 技术影响的领域，国外学者往往更关注国际政治、环境等领域，而中国青年则聚焦于社会、生活等方面。从文献中我们不难发现，国外学界对于 AI 科技前沿的研究，往往将目光聚焦于国际政治、环境等领域，无论是总统竞选还是无人驾驶技术，在学者的眼中，AI 可能带来的风险都是不可忽视的一大因素。从数据上来看，学者们关注人工智能的发展可能导致战争（22.48%）、社会舆论被操纵（19.92%）和加剧环境的破坏（14.16%）等问题。而中国青年则更关注 AI 技术对于生活和社会造成的影响，包括失业、伦理、犯罪等方面（图 14－12）。

（3）谈及对 AI 技术的态度，国外学者更为消极，倾向于扩大 AI 的负面影响，而中国青年则相对更为乐观（虽然随着维度的扩大，态度逐渐趋向保守）。在国际视野下，一个由 AI 引发的事故都会被无限放大，由此带来社会对于 AI 技术本身的质疑。

---

① Zou, J. and Schiebinger, L., "AI Can be Sexist and Racist—It's Time to Make It Fair", *Nature*, Vol. 559, 2018, pp. 324－326; Courtland, R., "Bias Detectives: the Researchers Striving to Make Algorithms Fair", *Nature*, Vol. 558, pp. 357－360.

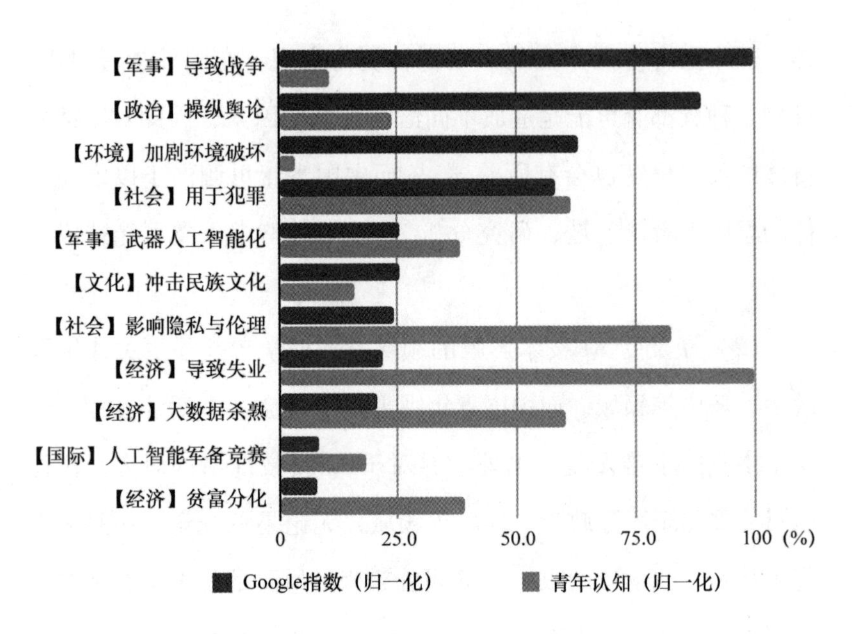

图 14－12 学术研究焦点和青年关注焦点的差异

然而在中国的情境下，在生活中和人工智能技术市场接触的中国青年则表现得更为乐观。他们能清楚地看到 AI 技术给生活所带来的各种便捷，同时对于其可能带来的风险，也表现出了一种积极的态度。而当评价的维度逐渐扩大时，中国青年的态度则趋向保守。

总结和展望

本次调研针对中国青年对人工智能发展、风险和治理的态度，进行了预调研。预调研的结果，揭示下一步调研问卷设计的方向，同时也展现了接受调查的中国青年对人工智能相关议题的看法。受访中国青年一方面表现出了对人工智能技术发展总体持正面看待的态度，另一方面也已经注意到了人工智能发展会带来的隐忧。与此同时，受访中国青年也对人工智能的治理思路有自己的看法。他们普遍认为依法治理、有为政府是人工智能治理的应有思路，对税收等手段认同度较低。

本次调研为下一步研究提供了思路。本次调研发现受访青年对人工智能如何影响个人生活、社会福利、国际局势，展现出异质化的态度；受访青年关注的议题和相关领域专家关注的议题有一定出入。这些现象背后的机理，值得进一步分析。

（于洋，清华大学交叉信息研究院助理教授。）

附图

本研究分为长问卷和短问卷。长问卷相比短问卷，多了一道要求回答者“对未来人工智能技术发展说一句话”的题目。通过“番茄表单”发放，我们收回有效问卷总计 1491 份。其中，长问卷 738 份，短问卷 753 份。被调查者的职业、受教育程度、收入、年龄和地理分布的情况如下。

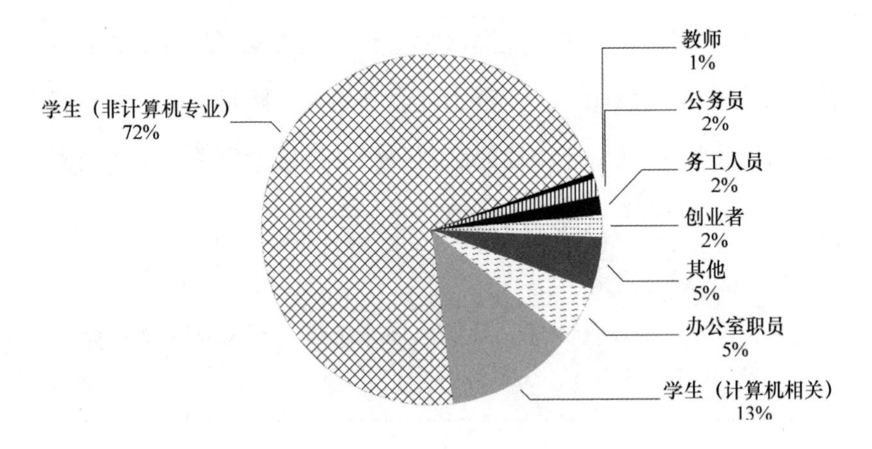

职业分布

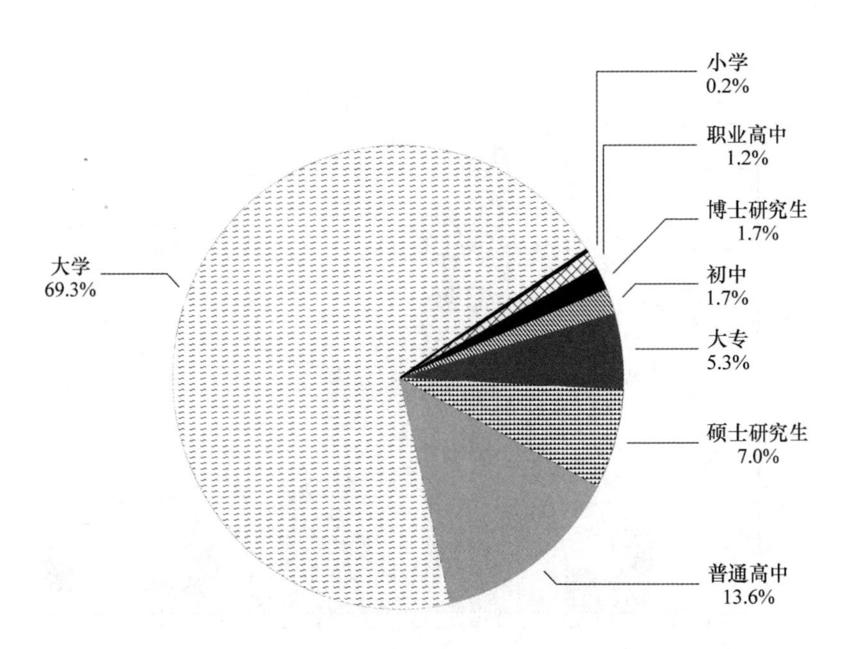

受教育程度分布

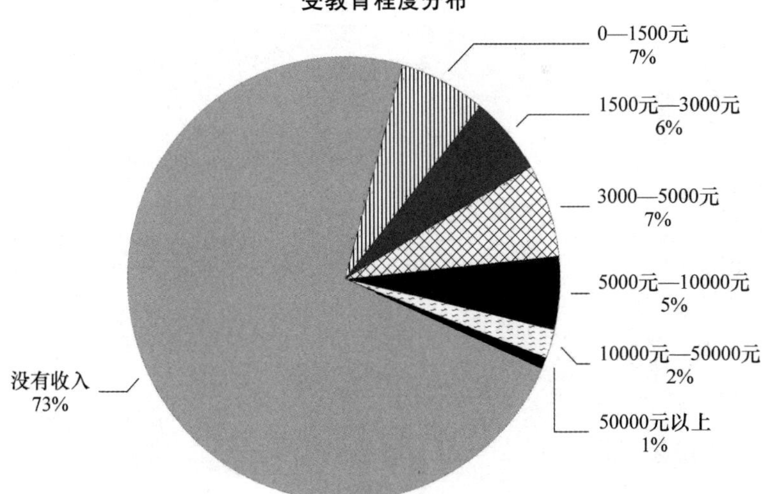

收入情况分布

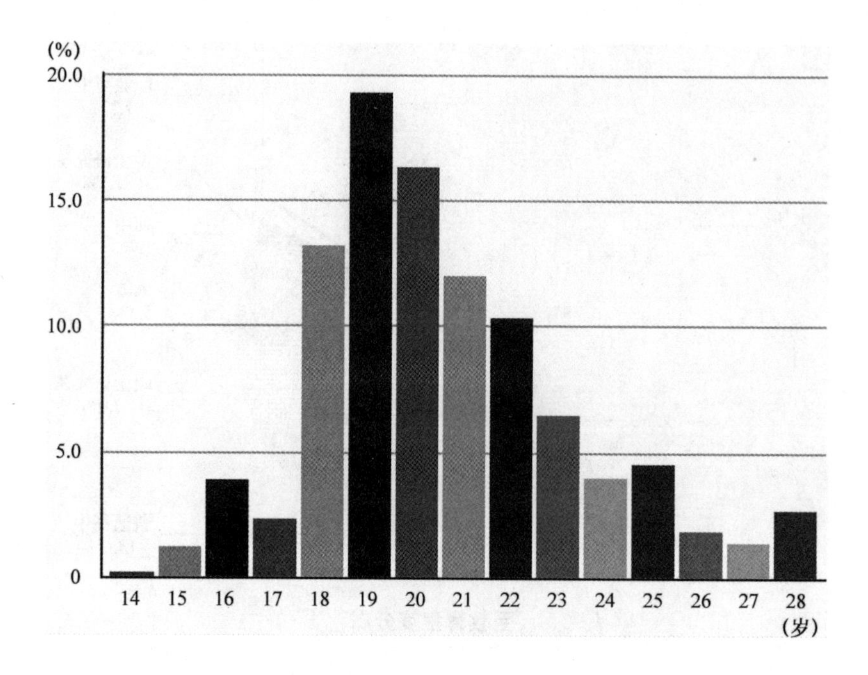

年龄分布

参考文献

一　中文文献

［1］“埃隆·马斯克谈人工智能：人类可能在召唤恶魔”，2017 年 10 月 30 日，http：//tech. ifeng. com/a/20171030/44736042_ 0. shtml。

［2］“国内首起‘特斯拉自动驾驶’车祸致死案已有最新进展”，2018 年 4 月 19 日，http：//news. cctv. com/2018/04/19/ARTILMtSgahc m3W5j3bx87as180419. shtml。

［3］“霍金再抛人工智能威胁论：或招致人类灭亡”，2017 年 4 月 8 日，http：//www. xinhuanet. com/tech/2017 －04/28/c_1120889914. htm。

［4］“信息安全技术远程人脸识别系统技术要求”，2022 年 4 月 28 日，http：//openstd. samr. gov. cn/bzgk/gb/newGbInfo？ hcno = C84D5EA6AC99608C8B9EE8522050B094。

[5]《2017年致命性自主武器系统问题政府专家组的报告》《禁止或限制使用某些可被认为具有过分伤害力或滥杀滥伤作用的常规武器公约》，缔约方政府专家小组，2017年12月22日。

[6]《〈促进新一代人工智能产业发展三年行动计划(2018—2020年)〉的解读》，2017年12月25日，http://www.miit.gov.cn/n1146295/n1652858/n1653018/c5979643/content.html。

[7]《大西洋月刊》2019年8月号。

[8]《国务院关于印发〈新一代人工智能发展规划〉的通知》，2017年7月20日，http://www.gov.cn/zhengce/content/2017-07/20/content_5211996.htm。

[9]《全球人工智能发展报告(2018)》，乌镇智库，2019年4月，http://www.199it.com/archives/869189.html。

[10]《中国人工智能发展报告2018》，清华大学中国科技政策研究中心，2018年7月13日。

[11] 参见 Greene D., Hoffmann A. L., Stark L., "Better, Nicer, Clearer, Fairer: A Critical Assessment of the Movement for Ethical Artificial Intelligence and Machine Learning", Proceedings of the 52nd Hawaii International Conference on System Sciences, 2019; Hagendorff T., "The Ethics of AI Ethics: An Evaluation of Guidelines", *Minds and Machines*, Vol. 30, No. 1, 2020.

［12］参见吴文俊《吴文俊全集：数学思想卷》，科学出版社2016年版。

［13］第一财经："第三次人工智能热潮，日本落后奋起直追"，2018年9月16日，https：//baijiahao. baidu. com/s？id = 161177409838 8586617&wfr = spider&for = pc。

［14］傅莹：《人工智能对国际关系的影响初析》，《国际政治科学》2019年第1期。

［15］工业和信息化部：《促进新一代人工智能产业发展三年行动计划（2018—2020年）》，2017年12月13日，http：//www. miit. gov. cn/n1146295/n1652858/n1652930/n3757016/c5960820/content. html。

［16］贾开：《人工智能与算法治理研究》，《中国行政管理》2019年第1期。

［17］科睿唯安信息服务：《人工智能领域科技文献中高产国家/地区的竞争力分析》，2018年12月。

［18］李安：《算法影响评价：算法规制的制度创新》，《情报杂志》2021年第40期。

［19］李庆峰：《人脸识别技术的法律规制：价值、主体与抓手》，《人民论坛》2020年第11期。

［20］梁正、余振、宋琦：《人工智能应用背景下的平台治理：核心议题、转型挑战与体系构建》，《经济社会体制比较》

2020 年第 3 期。

［21］林凌、贺小石：《人脸识别的法律规制路径》，《法学杂志》2020 年第 41 期。

［22］美国 Breaking Defense 网站，2019 年 8 月 29 日。

［23］商希雪：《生物特征识别信息商业应用的中国立场与制度进路鉴于欧美法律模式的比较评价，《江西社会科学》2020 年第 2 期。

［24］沈伟伟：《算法透明原则的迷思——算法规制理论的批判》，《环球法律评论》2019 年第 6 期。

［25］腾讯研究院：《中美两国人工智能产业发展全面解读》，2017 年 7 月 26 日，第 3 页，http：//www. tisi. org/Public/Uploads/file/20170802/20170802172414_ 51007. pdf，最后访问时间：2019 年 2 月 18 日。

［26］王缉思：《世界政治的终极目标》，中信出版集团 2018 年版。

［27］王利明：《美欧的隐私权存在差别》，《北京日报》2015 年 4 月 27 日。

［28］王子灿：《由〈大气污染防治法（修订草案）〉论环境法中风险预防原则的确立》，《环境与可持续发展》2015 年第 3 期。

［29］肖强、王海龙：《环境影响评价公众参与的现行法制度

设计评析》,《法学杂志》2015 年第 12 期。

[30] 新华社,《习近平致 2018 世界人工智能大会的贺信》, http://www.xinhuanet.com/politics/leaders/2018-09/17/c_1123441849.htm,最后访问时间:2019 年 2 月 22 日。

[31] 邢会强:《人脸识别的法律规制》,《比较法研究》2020 年第 5 期。

[32] 邢会强:《如何对人脸识别进行法律规制》,《经济参考报》2020 年 12 月 22 日第 8 版。

[33] 薛澜、赵静:《走向敏捷治理:新兴产业发展与监管模式探究》,《中国行政管理》2019 年第 8 期。

[34] 学术 Plus,"美军人工智能武器化大盘点",搜狐军事,2019 年 1 月 7 日,http://www.sohu.com/a/287109476_100044418,最后访问时间:2019 年 2 月 19 日。

[35] 阎学通:《无序体系中的国际秩序》,《国际政治科学》2016 年第 1 期。

[36] 颜佳华、王张华:《构建协同治理体系推动人脸识别技术良性应用》,《中国行政管理》2020 年第 9 期。

[37] 杨庚、王周生:《联邦学习中的隐私保护研究进展》,《南京邮电大学》(自然科学版)2020 年第 40 期。

[38] 张文显:《构建智能社会的法律秩序》,《东方法学》2020 年第 5 期。

［39］张欣：《算法影响评估制度的构建机理与中国方案》，《法商研究》2021 年第 38 期。

［40］中国互联网络信息中心：《第 42 次中国互联网络发展状况统计报告》，2018 年 8 月，第 20 页，http：//www.cac.gov.cn/2018－08/20/c_1123296882.htm，最后访问时间：2019 年 2 月 18 日。

［41］［加］阿米塔夫·阿查亚：《中国与自由主义国际秩序的危机》，《全球秩序》2018 年第 1 期。

［42］［美］保罗·肯尼迪：《大国的兴衰》，王保存、王章辉、余昌楷译，中信集团 2013 年版。

［43］［美］保罗·沙瑞尔：《无人军队：自主武器与未来战争》，朱启超、王姝、龙坤译，世界知识出版社 2019 年版。

［44］［美］吉斯特·爱德华、安德鲁·洛恩：《人工智能对核战争风险意味几何?》，兰德公司，2018 年。

［45］［美］斯蒂芬·平克：《人性中的善良天使：暴力为什么会减少》，中信出版社 2015 年版。

［46］［美］小约瑟夫·奈：《理解国际冲突：理论与历史》，上海人民出版社 2005 年版。

［47］［美］约翰·R. 麦克尼尔、威廉·H. 麦克尼尔：《麦克尼尔全球史：从史前到 21 世纪的人类网络》，王晋新等译，北京大学出版社 2017 年版。

[48] [英] 罗伯特·鲍德温等编：《牛津规制手册》，宋华琳等译，上海三联书店 2017 年版。

二 英文文献

[1] Acemoglu D., Restrepo P., "The Wrong Kind of AI? Artificial Intelligence and the Future of Labour Demand", *Cambridge Journal of Regions, Economy and Society*, Vol. 13, No. 1, 2020.

[2] Annie Nova, "More Americans Now Support AUniversal Basic Income", CNBC, Feb. 26, 2018, https://www.cnbc.com/2018/02/26/roughly-half-of-americans-now-support-universal-basic-income.html.

[3] António Guterres, "Address to the 74th Session of the UN General Assembly", United Nations Secretary General Speech, 24th September, 2019, https://www.un.org/sg/en/content/sg/speeches/2019－09－24/address-74th-general-assembly.

[4] Baron B., Musolesi M., "Interpretable Machine Learning for Privacy-Preserving Pervasive Systems", *IEEE Pervasive Computing*, Vol. 19, No. 1, 2020.

[5] Benkler Y., "Don't Let Industry Write the Rules for AI", *Nature*, Vol. 569, No. 7754, 2019.

[6] Bogost I., "The New Aesthetic Needs to Get Weirder",

The Atlantic, Vol. 13, No. 4, 2012.

[7] Carissa Schoenick, "China to Overtake US in AI Research", AI 2, March 13, 2019, https://medium.com/ai2-blog/china-to-overtake-us-in-ai-research-8b6b1fe30595.

[8] Caroline Lester, "What Happens When Your Bomb-Defusing Robot Becomes a Weapon", *The Atlantic*, April 2018, https://www.theatlantic.com/technology/archive/2018/04/what-happens-when-your-bomb-defusing-robot-becomes-a-weapon/558758/.

[9] CB Insights, "China Is Starting to Edge out The US in AI Investment", February 12, 2019, https://www.cbinsights.com/research/china-artificial-intelligence-investment-startups-tech/.

[10] *Commercial Facial Recognition Privacy Act of* 2019, Mar. 14, 2019, https://www.congress.gov/bill/116th-congress/senate-bill/847/text.

[11] Corbett-Davies S., Pierson E., Feller A., et al., "Algorithmic Decision Making and the Cost of Fairness", Proceedings of the 23rd ACM Sigkdd International Conference on Knowledge Discovery and Data Mining, Halifax: ACM, 2017.

[12] Courtland, R., "Bias Detectives: the Researchers Striving to Make Algorithms Fair", *Nature*, Vol. 558.

[13] Crawford, K. and Calo, R., "There Is A Blind Spot in

AI Research", *Nature*, Vol. 538, 2016.

[14] Daniel Castro, Michael McLaughlin, Eline Chivot, "Who Is Winning the AI Race: China, the EU or the United States?", *Center for Data Innovation*, August 2019.

[15] Darrell M. West and John R. Allen, "How Artificial Intelligence Is Transforming the World", Brookings Institution, April 2018, https: //www. brookings. edu/research/how-artificial-intelligence-is-transforming-the-world/.

[16] Davies, Harry, "Ted Cruz Campaign Using Firm that Harvested Data on Millions of Unwitting Facebook Users", the Guardian, December 11, 2015.

[17] Defense Innovation Board, "The 5G Ecosystem: Risks & Opportunities for DoD", April 3, 2019, https://media. defense. gov/2019/Apr/03/2002109302/ - 1/ - 1/0/DIB_ 5G_ STUDY_ 04.03.19. PDF.

[18] Edward Geist and Andrew J. Lohn, "How Might Artificial Intelligence Affect the Risk of Nuclear War?", Rand Corporation, p. 8, https: //www. rand. org/pubs/perspectives/PE296. html.

[19] *Ethical Use of Facial Recognition Act*, Feb. 12, 2020, https://www. congress. gov/bill/116th-congress/senate-bill/3284/text.

[20] European Commission, "Artificial Intelligence", April 8,

2019, https://ec.europa.eu/digital-single-market/en/artificial-intelligence.

[21] European Union Agency for Fundamental Right, "Facial Recognition Technology: Fundamental Rights Consideration in the Context of Law Enforcement", April 25, 2021, https://fra.europa.eu/sites/default/files/fra_uploads/fra-2019-facial-recognition-technology-focus-paper.pdf#:~:text=Facial%20recognition%20technology%3A%20fundamental%20rights%20considerations%20in%20the, determine%20whether%20they%20are%20of%20the%20same%20person.

[22] *Facial Recognition Bill*, *March* 6, 2020, https://app.leg.wa.gov/billsummary? BillNumber=5528&Year=2019.

[23] *Facial Recognition Technology*, May 12, 2020, https://leginfo.legislature.ca.gov/faces/billTextClient.xhtml? bill_id=201920200AB2261#:~:text=%20Facial%20recognition%20technology.%20Existing%20law%2C%20the%20California, delete%20personal%20information%20about%20the%20consumer%2C%20as%20specified.

[24] Gebru T., Morgenstern J., Vecchione B., et al., Datasheets for datasets. ar Xiv: 1803109010, 2018.

[25] GGE meeting, "Possible outcome of 2019 GGE and Future

Actions of International Community on LAWS", 2019, https://www.mofa.go.jp/mofaj/files/000459707.pdf.

[26] Greg Allen and Taniel Chan, "Artificial Intelligence and National Security", Cambridge: Belfer Center for Science and International Affairs, Harvard Kennedy School, 2017.

[27] Henry Kissinger, "How the Enlightenment Ends", *The Atlantic*, June 2018, https://www.theatlantic.com/magazine/archive/2018/06/henry-kissinger-ai-could-mean-the-end-of-human-history/559124/.

[28] http://www.chinaru.info/News/zhongekuaixun/56902.shtml。

[29] James Johnson, "Artificial Intelligence & Future Warfare: Implications for International Security", *Defense & Security Analysis*, Vol. 35, No. 2, 2019.

[30] Jenny Lee and John Haupt, "Winners and Losers in US-China Scientific Research Collaborations", Higher Education, Nov. 7th, 2019.

[31] John Mearsheimer, *The Tragedy of Great Power Politics*, W. W. Norton & Company, 2001.

[32] Jurgen Altmann and Frank Sauer, "Autonomous Weapons and Strategic Stability", *Survival*, Vol. 59, No. 5, 2017, pp.

121 - 127.

[33] Kathryn Reilly, "UK's Ageing Crisis Has Become the 'New' Climate Change: Can Digital Innovation Save the Care System from Collapsing?", MedTech Engine, https://medtechengine.com/article/uks-ageing-crisis-has-become-the-new-climate-change-can-digital-innovation-save-the-care-system-from-collapsing/.

[34] Keir A Lieber and Daryl G Press, "The New Era of Counterforce: Technological Change and the Future of Nuclear Deterrence", *International Security*, Vol. 41, No. 4, 2017.

[35] Krizhevsky, A., Sutskever, I. and Hinton, G. E., "Imagenet Classification with Deep Convolutional Neural Networks", *Advances in Neural Information Processing Systems*, 2012.

[36] Limitone, J., "Pompeo Slams Huawei: US Won't Partner with Countries That Use Its Technology", *Fox Business*, Feb. 21, 2019, https://www.foxbusiness.com/technology/pompeo-slams-huawei-us-wont-partner-with-countries-that-use-its-technology.

[37] Lobel O., "New Governance as Regulatory Governance", *The Oxford Handbook of Governance*, Oxford University Press, 2012.

[38] Margetts, H. and Dorobantu, C., "Rethink Government with AI", *Nature*, Vol. 568, 2019, pp. 163 - 165; Sherlock, C., "The Deep Mind Debacle Demands Dialogue on Data", *Nature*,

Vol. 547, 2017.

[39] Matt Sheehan, "Who Benefits from American AI Research in China?", Oct. 21th, 2019, https://macropolo.org/china-ai-research-resnet/.

[40] McKinsey Global Institute, "Digitization, AI, and the future of work: Imperatives for Europe", Briefing Note, September 2017, p. 1, https://www.mckinsey.com/~/media/McKinsey/Featured Insights/Europe/Ten imperatives for Europe in the age of AI and automation/Digitization-AI-and-the-future-of-work.ashx.

[41] McKinsey Global Institute, "Notes from the Frontier: Modeling the Impact of AI on the World Economy", Discussion Paper, September 2018, p. 1, https://www.mckinsey.com/~/media/McKinsey/Featured%20Insights/Artificial%20Intelligence/Notes%20from%20the%20frontier%20Modeling%20the%20impact%20of%20AI%20on%20the%20world%20economy/MGI-Notes-from-the-AI-frontier-Modeling-the-impact-of-AI-on-the-world-economy-September-2018.ashx.

[42] McKinsey Global Institute, "Notes from the Frontier: Modeling the Impact of AI on the World Economy", Discussion Paper, September 2018.

[43] McNamara A., Smith J., Murphy-Hill E., "Does

ACM' Code of Ethics Change Ethical Decision Making in Software Development?", Proceedings of the 2018 26th ACM Joint Meeting on European Software Engineering Conference and Symposium on the Foundations of Software Engineering, Lake Buena Vista: ACM, 2018.

[44] Michael Mayer, "The New Killer Drones: Understanding the Strategic Implications of Next-Generation Unmanned Combat Aerial Vehicles", *International Affairs*, Vol. 91, No. 4, July 2015.

[45] *MIT Technology Review*, Mon. 17, 2020, https://www.technologyreview.com/2020/01/17/238092/facial-recognition-european-union-temporary-ban-privacy-ethics-regulation/.

[46] Mittelstadt B. D., Russell C., Wachter S., "Explaining Explanations in AI", Proceedings of Fairness, Accountability, and Transparency, Atlanta: ACM, 2019.

[47] Morozov E., "Digital Socialism, the Calculation Debate in the Age of Big Data", *New Left Review*, 116/117, 2019.

[48] Pandya, J. and World, C., "The Dual-Use Dilemma of Artificial Intelligence", Forbes, 2019.

[49] Peter S. Goodman, "Finland Has Second Thoughts About Giving Free Money to Jobless People", *New York Times*, Apr. 24, 2018, https://www.nytimes.com/2017/07/20/opinion/finland-universal-basic-income.html.

[50] Polanyi M., *The Tacit Dimension*, University of Chicago Press, 2009.

[51] Pricewaterhouse Coopers, "Human Valuein the Digital Age", December 2018, https://www.pwc.nl/nl/assets/documents/pwc-human-value-in-the-digital-age.pdf.

[52] Q2US Debates, "China and the US Are Long-term Enemies", October 14, 2015, http://intelligencesquaredus.org/debates/past-debates/item/1403-china-and-the-u-s-are-long-term-enemies.

[53] Rich Miller, "Robots Are Coming for Jobs of as Many as 800 Million Worldwide", Bloomberg, Nov. 29, 2017, https://www.bloomberg.com/news/articles/2017-11-29/robots-are-coming-for-jobs-of-as-many-as-800-million-worldwide.

[54] Richard A Marcum, et al, "Rapid Broad Area Search and Detection of Chinese Surface-to-air Missile Sites Using Deep Convolutional Neural Networks", *Journal of Applied Remote Sensing*, Vol. 11, No. 4, Nov. 13th, 2017.

[55] Sabel C. F., Zeitlin J., "Experimentalist Governance", *The Oxford Handbook of Governance*, Oxford University Press, 2012.

[56] Samuel Bendet, "Putin Orders Up a National AI Strategy", *Defense One*, January 31, 2019, https://www.defenseone.com/technology/2019/01/putin-orders-national-ai-strategy/154555/.

[57] Samuel Bendett, "Russia Racing to Complete National AI Strategy by June 15", *Defense One*, March 14, 2019, https://www.defenseone.com/threats/2019/03/russia-racing-complete-national-ai-strategy-june-15/155563/.

[58] Strategic Council for AI Technology, "Artificial Intelligence Technology Strategy", Report of Strategic Council for AI Technology, March 31, 2017, https://www.nedo.go.jp/content/100865202.pdf.

[59] Sweeney L., "Discrimination in Online and Delivery: Google ads, Black Names and White Names, Racial Discrimination and Click Advertising", *Queue*, Vol. 11, No. 3, 2013.

[60] United States Commitee on Armed Services, "Artificial Intelligence Initiatives", March 12, 2019, https://www.armed-services.senate.gov/imo/media/doc/Shanahan_ 03 – 12 – 19. pdf.

[61] Vincent Boulanin, and Maaike Verbruggen, "Mapping the Development of Autonomy in Weapon Systems", SIPRI Report, Nov. 14th, 2018.

[62] Vincent Boulanin, "The Impact of Artificial Intelligence on Strategic Stability and Nuclear Risk", Volume Ⅰ; "Euro-Atlantic Perspectives", Stockholm International Peace Research Institute, 2019.

[63] Vincent Boulanin, “The Impact of Artificial Intelligence on Strategic Stability and Nuclear Risk”, Vol. Ⅰ; “Euro-Atlantic Perspectives”, Stockholm International Peace Research Institute, 2019.

[64] Wagner B., “Ethics as an Escape from Regulation: From Ethics-Washing to Ethics-Shopping”, in Hildebrandt M., editor, *Being Profiling*, Cogitas ergo sum. Amsterdam University Press, 2018.

[65] Watson B. C., “Barcode Empires: Politics, Digital Technology, and Comparative Retail Firm Strategies”, *Journal of Industry, Competition and Trade*, Vol. 11, No. 3, 2011.

[66] White House, “Executive Order on Maintaining American Leadership in Artificial Intelligence”, February 11, 2019, https://www.whitehouse.gov/presidential-actions/executive-order-maintaining-american-leadership-artificial-intelligence.

[67] *White Paper on Artificial Intelligence-A European approach to excellence and trust*, Feb. 19, 2020, https://ec.europa.eu/info/sites/info/files/commission-white-paper-artificial-intelligence-feb2020_en.pdf.

[68] Wirtz B. W., Müller W. M., “An Integrated Artificial Intelligence Framework for Public Management”, *Public Management Review*, Vol. 21, No. 7, 2019.

[69] Yan, Xuetong, "Unipolar or Multipolar? A Bipolar World I Smore Likely", *China-US Focus*, Vol. 6, April 2015.

[70] Yoan Mantha, Grace Kiser and Yoan Mantha, "Global AI Talent Report 2019", jfgagne, https: //jfgagne. ai/talent –2019/.

[71] Zou, J. and Schiebinger, L., "AI Can be Sexist and Racist—It's Time to Make It Fair", *Nature*, Vol. 559, 2018.

[72] "Artificial Intelligence and Southeast Asia's Future", McKinsey Global Institute, 2017.

[73] "Directorate General of Human Rights and Rule of Law", *Guidelines on Facial Recognition*, Mon. 28, 2021, https: //rm. coe. int/guidelines-on-facial-recognition/1680a134f3.

[74] "Ethics Guidelines for Trustworthy AI-Building trust in human-centric AI", European Commission, April 8, 2019, https: //ec. europa. eu/futurium/en/ai-alliance-consultation/guidelines.

[75] "Executive Office of the President of the United States, Artificial Intelligence, Automation and Economy", National Council of Science and Technology of United States, December 2016.

[76] "Future in the Balance? How Countries are Pursuing an AI Advantage", *Deloitte*, 2018.

[77] "National Security Commission on Artificial Intelligence Interim Report", Nov. 11th, 2019, https: //drive. google. com/file/d/

1530 rxnuGEjsUvlxWsFYauslwNeCEkvUb/view.

[78] "Notes From The AI Frontier Modeling The Impact of AI on The World Economy", McKinsey Global Institute, Sep. 2018.

[79] "The Age of Digital Interdependence", Report of the UN Secretary-General's High-level Panel on Digital Cooperation, June 2019.

[80] "Trade War Didn't Stop Google, Huawei AI Tie-up", *The Economic Times*, April 2, 2019, https://economictimes.indiatimes.com/tech/internet/trade-war-didnt-stop-google-huawei-ai-tie-up/articleshow/68680797.cms.

[81] "Who Is Patenting AI Technology?", IPlytics GmbH, April 2019.